"十二五"职业教育国家规划教材
经全国职业教育教材审定委员会审定

高等职业教育
机械行业"十二五"规划教材

液压与气动系统拆装及维修

（第2版）

The Structure practice and Maintenance
of Hydraulic and Pneumatic System (2nd Edition)

◎ 王德洪 周慎 何成才 主编

人民邮电出版社
北京

精品系列

图书在版编目（CIP）数据

液压与气动系统拆装及维修 / 王德洪，周慎，何成
才主编. -- 2版. -- 北京：人民邮电出版社，2014.8（2020.1重印）
高等职业教育机械行业"十二五"规划教材
ISBN 978-7-115-34715-2

Ⅰ. ①液… Ⅱ. ①王… ②周… ③何… Ⅲ. ①液压系
统－装配（机械）－高等职业学校－教材②气压系统－装
配（机械）－高等职业学校－教材③液压系统－维修－高
等职业学校－教材④气压系统－维修－高等职业学校－教
材 Ⅳ. ①TH137②TH138

中国版本图书馆CIP数据核字(2014)第033161号

内 容 提 要

本书是一本介绍液压与气动系统维修理论及实训一体化的教材，主要讲述液压传动系统认知、液压
动力元件拆装、液压执行元件拆装、液压控制元件和液压辅助元件拆装、液压基本回路故障诊断与维修、
液压传动系统故障诊断与维修、气源装置和气动执行元件拆装、气动控制元件和气动辅助元件拆装、气压
传动系统故障诊断与维修等内容。

本书可作为高职高专机电设备维修与管理、机电一体化、机械制造及自动化、数控技术、模具设计与
制造、铁道车辆、高速动车组检修与驾驶等专业及其相关专业的教材，也可作为中职学校相关专业及职业
培训用书。

◆ 主　　编　王德洪　周　慎　何成才
　责任编辑　韩旭光
　责任印制　张佳莹　焦志炜

◆ 人民邮电出版社出版发行　　北京市丰台区成寿寺路 11 号
　邮编　100164　电子邮件　315@ptpress.com.cn
　网址　http://www.ptpress.com.cn
　北京市艺辉印刷有限公司印刷

◆ 开本：787×1092　1/16
　印张：13　　　　　　　　　　　2014年8月第2版
　字数：338千字　　　　　　　　2020年1月北京第6次印刷

定价：32.00 元

读者服务热线：(010)81055256　印装质量热线：(010)81055316
反盗版热线：(010)81055315

《液压与气动系统拆装及维修》是高等职业学校制造大类、交通运输大类各专业（如机电设备维修与管理、机械设计与制造、数控技术、机械制造与自动化、高速动车组检修技术、铁道车辆等专业）的一门专业基础课程。

　　通过本课程的学习，使学生掌握液压传动与气压传动的基本理论、各种液压元件（如液压泵、液压马达、液压缸、方向阀、压力阀、流量阀等）的结构和工作原理、各种液压回路（方向回路、压力回路和速度回路）的组成和特点，学会分析典型液压传动与气压传动系统，培养学生从事液压传动与气压传动系统使用和维修技能，同时还可以培养学生敏锐的观察能力、科学的思维能力以及解决生产实际问题的能力，为后续专业课的学习提供基础。

　　本书在编写过程中，以必需够用为原则，力求少而精，图文并茂，突出应用能力培养。

　　本书项目一主要讲述液压传动系统工作原理和组成，包含液压传动系统工作原理和组成认知、液压油的更换两个任务，介绍液压传动系统的基本概念、组成、工作原理；液压油性质及更换方法。

　　项目二讲述液压动力元件拆装，包括齿轮泵拆装、叶片泵拆装和柱塞泵拆装3个任务，能加深对齿轮泵、叶片泵和柱塞泵的作用、类型、结构和工作原理的认知。

　　项目三讲述液压执行元件拆装，包括液压缸拆装和液压马达拆装两个任务，有助于学生掌握液压缸和液压马达的作用、类型、结构和工作原理，掌握液压缸拆装和液压马达拆装技能。

　　项目四讲述液压控制元件和液压辅助元件拆装，包括压力阀拆装、方向阀拆装、流量阀拆装和液压辅助元件拆装4个任务，能加深对液压控制元件和液压辅助元件的作用、类型、结构和工作原理，为液压控制元件和液压辅助元件常见故障诊断和维修提供必要的知识和技能准备。

　　项目五讲述液压基本回路故障诊断与维修，包含压力回路故障诊断与维修、方向回路故障诊断与维修、速度回路故障诊断与维修、顺序动作回路和同步回路故障诊断与维修4个任务。有助于学生弄清压力回路、方向回路、速度回路、顺序动作回路和同步回路等基本液压回路常见故障原因和维修方法。

　　项目六讲述液压传动系统故障诊断与维修，包含液压传动系统常见故障诊断与维修、典型液压传动系统故障诊断与维修两个任务，可以使学生基本掌握液压传动系统常见故障诊断与维修方法。

　　项目七讲述气源装置和气动执行元件拆装，包括气源装置拆装和气动执行元件拆装两个任务，有助于学生掌握气源装置和气动执行元件的作用、类型、结构和工作原理，掌握液压缸拆装和液压马达拆装技能。

　　项目八讲述气动控制元件和气动辅助元件拆装，包括压力阀拆装、方向阀拆装、流量阀拆装和气动辅助元件拆装4个任务，能加深对气动控制元件和气动辅助元件的作用、类型、结构和工作原理，为气动控制元件和气动辅助元件常见故障诊断和维修提供必要的知识和技能准备。

　　项目九讲述气压传动系统故障诊断与维修，包含气压传动系统常见故障诊断与维修、典型气压传动系统故障诊断与维修两个任务，可以使学生基本掌握气压传动系统常见故障诊断与维修方法。

本书由武汉铁路职业技术学院王德洪、周慎和何成才担任主编。本书在编写过程中，得到许多专家的指点和帮助，在教育部首轮"十二五"职业教育国家规划教材选题申报立项评比中，相关专家学者也对本书的修订给予了高度认可，并提出宝贵建议，本作品编者团队在此一并致谢！

由于编者水平有限，时间仓促，加上形势的发展也在不断提出新的要求，书中难免有疏忽和错误之处，敬请读者批评指正。

编　者
2013 年 12 月于武汉

目 录

项目一 液压传动系统工作原理和组成

液压传动是利用密闭系统中的受压液体来传递运动和动力的一种传动方式。液压传动系统是以利用受压液体的压力能为主来传递运动和动力的系统。它是机械与电子控制装置之间的纽带，它与传感技术、自动控制技术有机结合，是自动化技术不可缺少的重要手段。

任务一　液压传动系统工作原理和组成

一、任务分析

图 1-1 所示为液压千斤顶的实物和工作原理图，通过观察液压千斤顶，弄清液压传动系统的工作原理和组成。

（a）液压千斤顶实物图　　　（b）液压千斤顶的工作原理图

1—杠杆手柄；2—小油缸；3—小活塞；4、7—单向阀；5—吸油管；
6、10—管道；8—大活塞；9—大油缸；11—截止阀；12—油箱
图 1-1　液压千斤顶的实物和工作原理图

二、相关知识

1. 液压传动系统的应用

液压传动系统被广泛用于铁路运输、汽车工业、轻工机械、工程机械、机床工业、军事工

业、农业机械等行业。液压传动系统在各行业的应用情况如表 1-1 所示。

表 1-1 液压传动系统在各行业的应用

行业	应用举例
铁路运输	液压捣固机、电动液压转辙机、液压减振器、校装液压机等
汽车工业	液压制动系统、汽车的液压悬挂系统、液压助力转向器等
轻工机械	注塑机、液压打包机等
工程机械	液压盾构机、推土机、挖掘机、装载机、液压汽车起重机、液压叉车等
机床工业	液压磨床、组合机床、数控加工中心等
军事工业	舰艇、坦克、雷达、导弹发射架、飞机等
农业机械	联合收割机、拖拉机的悬挂系统等

2. 液压技术的发展

从 17 世纪中叶帕斯卡提出静压传动原理、1795 年英国制成第一台水压机算起，液压技术已有三百多年的历史。第二次世界大战后，成功地将液压传动装置用于舰艇炮塔转向器，其后出现了液压六角车床和磨床，一些通用机床到 20 世纪 30 年代才用上了液压技术。近 30 年来，由于控制技术、微电子技术等学科的发展，再次将液压技术推进，使它发展成为包括传动、控制、检测在内的一门完整的自动化技术。采用液压技术的程度已成为衡量一个国家工业水平的重要标志之一。目前液压技术正向高压、高速、大功率、低噪声、低能耗、数字化、高集成化等方向发展。在液压元件和液压系统的计算机辅助设计与制造、机电液一体化开发上也取得了许多新成绩。

20 世纪 50 年代，我国开始将液压技术用于机床和锻压设备上。从 1964 年开始向国外引进液压传动技术，同时也自行设计和研制液压产品，我国生产的液压元件已形成系列，并在各种机电设备上得到了广泛的应用。随着改革开放、加入世界贸易组织，我国开始瞄准世界上先进的液压技术，有计划地进行引进、消化、吸收并大力开展液压元件的国产化工作，液压传动技术必将获得进一步的发展。

3. 液压传动的优缺点

液压传动与机械传动、电气传动和气压传动 3 种方式相比，有以下优缺点。

（1）优点

① 能获得更大的输出力和输出力矩。液压传动是利用密闭系统中的受压液体的压力能来传递力或力矩的，随着液压泵的压力的提高，可使液压缸（或液压马达）获得很大的力（或力矩），所以在重型机械上一般优先选用液压传动系统。

② 可以实现无级调速且调速范围大。液压传动通过改变输入执行元件的流量便可方便地实现无级调速，调速范围可达 2000：1，这是其他方式调速难以达到的。

③ 单位质量的功率和单位体积的功率大。例如，输出 1kW 的功率，液压传动系统的质量是 0.2kg，而电气传动装置的质量是 1.5kg~2kg，所以在要求传递大功率而又要重量轻、体积小的情况下采用液压传动为最好。

④ 工作平稳，可实现无冲击的换向。这是由于液压机构的功率质量比大、惯性小，因此反应速度就快。例如，液压马达的旋转惯量不超过同功率电动机的 10%；启动中等功率电动机要

1s~2s，而同功率的液压传动机械的启动时间不超过 0.1s，所以在高速且换向频繁的机械采用液压传动可使换向冲击大大减少。

⑤ 液压传动系统的控制、调节简单，操作方便、省力，易于实现"机、电、液、光"一体化。

⑥ 易于实现过载保护。在液压传动系统中可设置溢流阀来调节系统压力大小、限制最高工作压力、防止过载和避免事故发生。

⑦ 液压元件易实现系列化、标准化和通用化，便于主机的设计、制造、使用和维修，而且大大提高了生产效率，降低了液压元件的生产成本和提高产品质量。

（2）缺点

① 存在泄漏、污染环境、能源损耗方面的问题。液压传动系统因有相对运动表面，加之液压系统使用的压力往往较高，如果密封失效，必然产生内漏和外漏。内漏导致容积效率下降，能量损失产生系统发热和温升。

② 在高温和低温下采用液压有一定的困难，必须设法解决。

③ 传动效率低、不适宜于远程传动。

④ 制造精度高，找故障难。

三、任务实施

1. 液压传动系统工作原理

图 1-1 所示为液压千斤顶的工作原理图，液压千斤顶由手动液压泵和举升液压缸两部分组成，手动液压泵由杠杆手柄 1、小油缸 2、小活塞 3、单向阀 4 和 7 组成，而举升液压缸由大油缸 9 和大活塞 8 组成。如提起手柄使小活塞向上移动，小活塞下端油腔容积增大，形成局部真空，这时单向阀 4 打开，通过吸油管 5 从油箱 12 中吸油；用力压下手柄，小活塞下移，小活塞下腔压力升高，单向阀 4 关闭，单向阀 7 打开，小活塞下腔的油液经管道 6 输入举升油缸 9 的下腔，迫使大活塞 8 向上移动，顶起重物。再次提起手柄吸油时，单向阀 7 自动关闭，使油液不能倒流，从而保证了重物不会自行下落。不断地往复扳动手柄，就能不断地把油液压入举升缸下腔，使重物逐渐地升起。如果打开截止阀 11，举升缸下腔的油液通过管道 10、截止阀 11 流回油箱，重物就向下移动。

液压传动就是利用受压油液作为传递动力的工作介质，压下杠杆时，小油缸 2 输出压力油，将机械能转换成油液的压力能，压力油经过管道 6 及单向阀 7，推动大活塞 8 举起重物，将油液的压力能又转换成机械能。大活塞 8 举升的速度取决于单位时间内流入大油缸 9 中油液容积的多少。

2. 液压传动系统组成

图 1-2 所示为磨床工作台液压系统工作原理图。液压泵 4 在电动机（图中未画出）的带动下旋转，油液由油箱 1 经过滤器 2 被吸入液压泵，由液压泵输入的压力油通过手动换向阀 9、节流阀 13、换向阀 15 进入液压缸 18 的左腔，推动活塞 17 和工作台 19 向右移动，液压缸 18 右腔的油液经换向阀 15 排回油箱。如果将换向阀 15 转换成如图 1-2（b）所示的状态，则压力油进入液压缸 18 的右腔，推动活塞 17 和工作台 19 向左移动，液压缸 18 左腔的油液经换向阀 15 排回油箱。工作台 19 的移动速度由节流阀 13 来调节。当节流阀开大时，进入液压缸 18 的油液增多，工作台的移动速度增大；当节流阀关小时，工作台的移动速度减小。液压泵 4 输出的压力油除了进入节流阀 13 以外，其余的油打开溢流阀 7 流回油箱。如果将手动换向阀 9 转换成如图 1-2（c）所示的状态，液压泵输出的油液经手动换向阀 9 流回油箱，这时工作台停止运动，液压系统处于

卸荷状态。

1—油箱；2—过滤器；3、12、14—回油管；4—液压泵；5—弹簧；6—钢球；7—溢流阀；8、10—压力油管；
9—手动换向阀；11、16—换向手柄；13—节流阀；15—换向阀；17—活塞；18—液压缸；19—工作台

图1-2 磨床工作台液压传动系统工作原理图

从上述例子和图1-1的例子，可以看出，一个完整的液压传动系统由以下几部分组成。

（1）工作介质——液压油，其作用是实现运动和动力的传递。

（2）动力元件——液压泵，其作用是将原动机所输出的机械能转换成液体的压力能，向液压传动系统提供压力油，是液压传动系统的心脏部分。

（3）执行元件——液压缸和液压马达，其作用是将液体的压力能转换成机械能以驱动工作机构进行工作。

（4）控制元件——压力、方向、流量控制阀，其作用是对系统中工作介质的压力、流量、方向进行控制和调节，以保证执行元件达到所要求的输出力、运动速度和运动方向。

（5）辅助元件——管道、管接头、油箱等辅助元件，其作用是提供必要的条件使系统得以正常工作，是系统不可缺少的组成部分。

四、知识拓展

液力传动系统是利用受压液体的动能为主来传递运动和动力的系统。该系统包括液力偶合器和液力变矩器等元件。

液力偶合器，又称液力联轴器，是一种利用受压液体动能来传递功率的传动元件。传递的功率一般在0.5kW~26000kW，德国著名的伏依特公司能年产各种型号的液力偶合器3万台以上。在我国，液力偶合器的研制虽始于20世纪50年代，但进展缓慢，直到改革开放后，在引进技术和进口产品的带动下，才有了较快的发展。

液力变矩器具有无级变速和改变转矩的作用，对外负载有良好的自动调节和适应能力，在

外负载增大时，液力变矩器的涡轮力矩自动增加，转速则自动降低；反之当外负载减小时，涡轮力矩自动减小，转速自动增高。由于液力变矩器的这种特性，它已被广泛用于工程机械、汽车、液力传动的内燃机车等上，可简化操纵，易实现自动控制，可使车辆起步平稳，加速迅速而均匀，增加了乘坐驾驶的舒适性；能带载荷启动和反转制动，且具有限矩过载保护功能；传动效率高，最高为 85%～90%。

任务二　液压油的更换

一、任务分析

液压油是液压传动系统的工作介质，液压油的性能是液压传动系统正常运转和高效率工作的前提，液压设备 80% 的故障来自液压油，因此当液压油失效时，应该及时正确更换。

二、相关知识

1. 液压油的分类

液压油主要有矿油型、合成型、乳化型 3 大类，如表 1-2 所示。

表 1-2　　　　　　　　　　　　　　　液压油的主要品种及特性和用途

类型	名称	代号	特性和用途
矿油型	通用液压油	L-HL	由精制矿物油加抗氧、防锈和抗泡添加剂制成，提高抗氧化和防锈性能，适于机床等设备的低压润滑系统
	抗磨型液压油	L-HM	由通用液压油加添加剂，改善抗磨性能制成，适用于中、高压液压系统
	液压导轨油	L-HG	由抗磨型液压油加抗黏滑添加剂制成，适用于液压和导轨润滑为一个油路系统的精密机床，可使机床在低速下将振动或间断滑动减为最小
	低温液压油	L-HV	由抗磨型液压油加添加剂，改善黏温特性制成，可用于环境温度 -40℃～-20℃ 的作业温度变化较大的室外中、高压液压系统
合成型	水-乙二醇液	L-HFC	其含乙二醇为 20%～30%，含水量 35%～50%，另加各种添加剂。其特点是难燃，黏温特性和抗蚀性好，能在 -30℃～60℃ 温度范围内使用，适用于有抗燃要求的中、低压系统
	磷酸酯液	L-HFDR	其特点是难燃，润滑抗磨性和抗氧化性能良好，能在 -15℃～135℃ 温度范围内使用，但有毒。适用于有抗燃要求的高压精密系统中
乳化型	水包油乳化液	L-HFAE	其含油为 5%～10%，含水量为 90%～95%，另加各种添加剂。其特点是难燃，黏特性好，有一定的防锈能力，但润滑性差，易泄漏。
	油包水乳化液	L-HFB	其含油为 60%，含水量 40%，另加各种添加剂。其特点是有较好的润滑性、防锈性、抗燃性，但使用温度不能高于 65℃

2. 液压油的性质

（1）液压油的黏性

液压油的黏性是流体在外力作用下流动时分子间的内聚力要阻止分子间的相对运动而产生的一种内摩擦力。

图 1-3 所示为液体的黏性示意图，设上平板以速度 u_0 向右运动，下平板固定不动，紧贴于上平板上的流体黏附于上平板上，其速度与上平板相同。紧贴于下平板上的流体黏附于下平板上，其速度为零。中间流体的速度按线性分布。我们把这种流动看成是许多无限薄的流体层在运动，当运动较快的流体层在运动较慢的流体层上滑过时，两层间由于黏性就产生内摩擦力。根据实际测定的数据所知，流体层间的内摩擦力 F 与流体层的接触面积 A 及流体层的相对流速 $\mathrm{d}u$ 成正比，而与此二流体层间的距离 $\mathrm{d}y$ 成反比，即

$$F = \mu A \frac{\mathrm{d}u}{\mathrm{d}y} \tag{1-1}$$

式中，μ 为黏性系数或动力黏度，$\dfrac{\mathrm{d}u}{\mathrm{d}y}$ 为速度梯度。

图 1-3　液体的黏性示意图

如果用单位接触面积上的内摩擦力 τ（剪切应力）来表示，则式（1-1）可改写成

$$\tau = \frac{F}{A} = \mu \frac{\mathrm{d}u}{\mathrm{d}y} \tag{1-2}$$

这就是牛顿内摩擦定律。

黏性是液体最重要的物理特征之一，是选择液压油的主要依据，它常用绝对黏度（动力黏度）、运动黏度和相对黏度来表示，如表 1-3 所示。

表 1-3　　　　　　　　　　　　　　黏性的表示

项目 黏度 种类	公式	概念及测定	单位
绝对黏度 μ	$\mu = \dfrac{\tau}{\dfrac{\mathrm{d}u}{\mathrm{d}y}}$	绝对黏度又称动力黏度。它是液体在单位速度梯度下流动时，接触液层间内摩擦剪切应力	Pa·s
运动黏度 ν	$\nu = \dfrac{\mu}{\rho}$	运动黏度是液体绝对黏度与其密度的比值	St（斯）、 cSt（厘斯）

续表

黏度 种类 　　　　项目	公式	概念及测定	单位
相对黏度	$°E = \dfrac{t_1}{t_2}$ $\nu = 8°E - \dfrac{8.64}{°E}$ $(1.35 < °E \leqslant 3.2)$ $\nu = 7.6°E - \dfrac{4}{°E}$ $(E > 3.2)$	相对黏度又称条件黏度，由于条件不同，各国相对黏度的含义也不同，如美国采用赛氏黏度（SSU）、英国采用雷氏黏度（R）、而我国、德国、俄国则采用恩氏黏度（$°E$） 恩氏黏度用恩氏黏度计测定，即将 $200cm^3$ 被测液体装入黏度计的容器内，容器周围充水，电热器通过水使液体均匀升温到 $T℃$，液体由容器的底部 $\phi 2.8mm$ 的小孔流尽，所需的时间 t_1 与同体积的蒸馏水在 $20℃$ 时流过同一小孔所需的时间 t_2（$t_2 = 51s$）比值，称为被测液体在这一温度 T 下的恩氏黏度	无

我国液压油的牌号是以这种油液 40℃ 时的运动黏度 ν 的平均值来标定的，例如，液压油 L-HM46 是指这种油在 40℃ 时的运动黏度 ν 的平均值为 46 cSt（mm^2/s），L 表示润滑剂类别，HM 表示抗磨型液压油。

液压油的黏度对温度的变化是十分敏感的，当温度升高时，其分子之间的内聚力减小，黏度就随之降低。这个变化率的大小直接影响液压传动系统工作介质的使用，因此液压传动系统中一般都设有冷却装置，来保证液压油维持正常的温度。

液压油的黏度随着压力的增大而增大，但对于一般的液压系统，当压力在 32MPa 以下时，压力对黏度的影响很小，可以忽略不计。

（2）液压油的可压缩性

液压油的可压缩性是液压油受压力的作用而使其体积发生变化的性质。可用体积压缩系数 k 表示。它是液压油在单位压力变化时的体积相对变化量。即

$$k = -\frac{1}{\Delta p} \cdot \frac{\Delta V}{V} \tag{1-3}$$

体积压缩系数 k 的倒数称为液压油的体积弹性模量，用大写的 K 表示，即

$$K = \frac{1}{k} = -\Delta p \cdot \frac{V}{\Delta V} \tag{1-4}$$

K 表示产生单位体积相对变化量所需的压力增量，它表示液体抵抗压缩能力的大小。在常温下，纯净油液的体积模量为（$1.4 \sim 2$）$\times 10^3 MPa$，数值很大，故在中低压系统中一般可认为油液是不可压缩的。但液压油如果混入了空气或是高压系统，则其压缩性显著增加，并严重影响液压系统的工作性能，故应尽量减少油液中的空气含量。

液压油还有其他一些性质，如稳定性、抗泡沫性、抗乳化性、防锈性、润滑性以及相容性等。

三、任务实施

1. 换油周期的确定

液压油在高温、高压下使用一定的时间后，会逐渐老化变质，出现下列状况。

（1）液压油的状态变化。这是指液压油的颜色、气味和外观变化等油品老化现象。表现出发臭、颜色慢慢变深变黑、浑浊或有沉淀等。

（2）闪点降低。

（3）酸值显著变化。

（4）机械杂质增加。

（5）抗乳化性和抗泡沫性变差。

（6）稳定性变坏。

变质的液压油不能满足液压传动系统的要求，必须更换。目前换油的周期有经验法、固定周期法和油质换油法 3 种。

经验法是凭借操作者和现场技术人员的经验，通过"看、嗅、摸、摇"等简易方法，规定当液压油变黑、变脏、变浑浊到某一程度就必须换油。现场鉴定液压油变质项目如表 1-4 所示。

表 1-4　　　　　　　　　　　　　　　　现场鉴定液压油变质项目

试验项目	检查项目	鉴定内容
外观	颜色、雾状、透明度、杂质	气泡、水分、其他油脂、尘埃、油变质老化
气味	与新油比较气味	油变质，有恶臭、焦臭
酸性度	pH 试纸或硝酸侵蚀试验用指示剂	油变质
硝酸侵蚀试验	滴一滴油于滤纸上，放置 0.2h～2h，观察油浸润的情况	油浸润的中心部分，若出现透明的浓圆点即是灰尘或磨损颗粒，证明液压油已变质，必须更换
裂化试验	在热钢板上滴油是否有爆裂声音	声音大、响声长证明水分多

固定周期法是根据不同的设备和油品，规定半年、一年或运转 1000h～2000h 后换油。

上述两种方法应用较广泛，但都不太科学，不太经济。第 3 种方法是油质换油法，它是通过定期取油样进行化验，测定必要的项目，以便连续监测油液变质情况，根据液压油的物理化学性质指标变化的实际情况确定何时换油，这种方法较科学，但需要一套理化检验仪器。

2. 换油指标的确定

液压油的更换指标，各国各公司虽不尽相同，但控制项目大同小异，我国制订的 L-HL 和 L-HM 型液压油的指标如表 1-5 所示。

表 1-5　　　　　　　　　　　　　　　　现场鉴定液压油变质项目

检查项目	L-HL 型液压油	L-HM 型液压油
外观	目测：不透明或浑浊	

检查项目	L-HL 型液压油	L-HM 型液压油
色度（GB/T6540）	不透明或浑浊，相比新油的变化大于 3 号色度板	不透明或浑浊，相比新油的变化大于 2 号色度板
40℃运动黏度（GB/T265）变化率	超过±10%	
酸值 KOH（GB/T264）增加量	>0.3mg/g	>0.4mg/g
水分（GB/T260）含量	>0.1%	>0.1%
铜板腐蚀	铜板颜色发暗，有黄褐色斑点	
机械杂质（GB/T511）质量	>0.1%	
正戊烷不溶物（GB/T89261）	>0.1%	

3. 换油步骤和方法

（1）换油时先要将液压传动系统中剩余的液压油放净。

（2）认清液压油的种类和牌号，确认种类和牌号与要求一致。存放过久的液压油还必须进行化验，确认它是否可以使用。

（3）从取油到注油的全过程都应保持桶口、罐口、漏斗等器皿的清洁。

（4）注油时应当进行过滤。

（5）加油时应采用专门的加油小推车，通过带加油滤油器的加油口加至规定高度。

（6）盖好密封盖。

四、知识拓展

选用液压油必须根据液压系统的工作环境、工作压力、液压元件种类及经济性等因素全面考虑，如表 1-6 所示。

表 1-6　　　　选择液压油时应考虑的因素

考虑因素	内容
工作环境	在高温热源或明火附近一般选用抗燃液压油；在寒冷地区要求选用黏度较大、低温流动性好、凝固点低的液压油；露天等水分多的环境里，要考虑选用抗乳化性好的液压油。如表 1-7 所示
工作压力	对于工作压力较高的液压系统，应选用黏度较大的液压油；反之选用黏度较小的液压油，如表 1-8 和表 1-9 所示
工作速度	对于工作速度较高的液压系统，应选用黏度较小的液压油；反之选用黏度较大的液压油
液压泵的类型	如表 1-10 所示
经济性	要考虑液压油的价格、使用寿命、货源情况等

根据工作环境应选择的液压油种类如表 1-7 所示。

表 1-7　　　　　　　　　　根据工作环境应选择的液压油种类

工况 环境	压力 7MPa 以下 温度 50℃ 以下	压力 (7~14) MPa 温度 50℃ 以下	压力 (7~14) MPa 温度 50℃~80℃	压力 7MPa 以上 温度 80℃~100℃
室内固定液压设备	HL	HL 或 HM	HM	HM
寒冷或严寒地区	HR	HV 或 HS	HV 或 HS	HV 或 HS
地下地上	HL	HL 或 HM	HM	HM
高温热源 明火附近	HFAE HFAS	HFB HFC	HFDR	HFDR

根据工作压力应选择的液压油种类如表 1-8 所示。

表 1-8　　　　　　　　　　根据工作压力应选择的液压油种类

压力/MPa	<8	8~16	>16
液压油的种类	HH、HL	HL、HM、HV	HM、HV

根据工作压力应选择的液压油的黏度如表 1-9 所示。

表 1-9　　　　　　　　　　根据工作压力应选择的液压油的黏度

压力/MPa	<2.5	2.5~8	8~16	16~32
运动黏度/（mm²/s）V_{50}	10~30	20~40	30~50	40~60

注：V_{50} 指 50℃ 时的运动黏度。

根据液压泵应选用的液压油的黏度如表 1-10 所示。

表 1-10　　　　　　　　　　根据液压泵应选用的液压油的黏度

要求 泵的种类		运动黏度（40℃）/（mm²/s）		适用液压油的种类和黏度牌号
		5℃~40℃	40℃~80℃	
齿轮泵		30℃~70℃	65℃~165℃	L-HL32、L-HL46、L-HL68、L-HL100、 L-HM46、L-HM46、L-HM68 、L-HM100
叶片泵	<7MPa	30℃~50℃	40℃~75℃	L-HM32、L-HM46、L-HM68
	≥7 MPa	50℃~70℃	55℃~90℃	L-HM46、L-HM68、L-HM100
径向柱塞泵		30℃~80℃	65℃~240℃	L-HL32、L-HL46、L-HL68、L-HL100、 L-HL150、L-HM46、L-HM46、L-HM68 、 L-HM100、L-HM150
轴向柱塞泵		40℃	70℃~150℃	

习　题

1. 解释液压传动和液压传动系统。

2. 简述液压传动系统的组成和工作原理。

3. 简述液压传动的优缺点。

4. 液压油有哪几种？

5. 解释 L–HM46 牌号的意义。

6. 简述液压油与温度和压力的关系。

7. 简述更换液压油的步骤和方法。

8. 简述更换液压油的选用原则。

项目二

液压动力元件拆装

液压动力元件的作用是将原动机所输出的机械能转换成液体的压力能，向液压传动系统提供压力油，是液压传动系统的心脏部分，常见的动力元件有齿轮泵、叶片泵和柱塞泵3种。

本项目的要求是按规范拆卸和装配常见的齿轮泵、叶片泵和柱塞泵等动力元件，弄清动力元件的结构和工作原理，学会齿轮泵、叶片泵和柱塞泵等动力元件的拆装方法。

任务一　齿轮泵拆装

一、任务分析

齿轮泵是液压传动系统中广泛采用的一种液压泵，它的主要特点是结构简单，制造方便，价格低廉，体积小，重量轻，自吸性好，对油液污染不敏感，工作可靠；其主要缺点是流量和压力脉动大，噪声大，排量不可调。齿轮泵按照其啮合形式的不同，有外啮合和内啮合两种，其中外啮合齿轮泵应用较广，而内啮合齿轮泵则多为辅助泵。

本任务的要求是按规范拆卸和装配常见的齿轮泵，弄清齿轮泵的结构和工作原理，学会齿轮泵的拆装方法。

二、相关知识

1. 外啮合式齿轮泵的结构和工作原理

CB-B 齿轮泵的结构如图 2-1 所示，属于低压泵，转速为 1 450r/min，额定压力为 2.5MPa，排量为 2.5mL/r~125mL/r，它是分离三片式结构，三片是指泵体 7 和泵盖 4、泵盖 8。泵的前后盖和泵体由两个定位销 17 定位，用 6 只螺钉固紧。

泵体内相互啮合的主、从动齿轮与前、后盖及泵体一起构成密封工作容积，齿轮的啮合线将左、右两腔隔开，形成了吸、压油腔。当主动齿轮按顺时针旋转时，左侧吸油腔内的轮齿脱离啮合，密封工作腔容积不断增大，形成局部真空，油液在大气压力作用下从油箱经吸油管进入吸油腔，并被旋转的轮齿带入压油腔。压油腔内的轮齿不断进入啮合，使密封工作腔容积减小，油液受到挤压被排往系统，这就是齿轮泵的工作原理。

为了保证齿轮能灵活地转动，同时又要保证泄漏最小，在齿轮端面和泵盖之间应留有适当的轴向间隙，对小流量而言，泵轴向间隙以 0.025mm～0.04mm 为宜，对大流量泵而言，轴向间隙以 0.04mm～0.06mm 为宜。齿顶和泵体内表面间的径向间隙，由于密封带长，同时齿顶线速度形成的剪切流动又和油液泄漏方向相反，故对泄漏的影响较小，这里要考虑的问题是当齿轮受到不平衡的径向力后，应避免齿顶和泵体内壁相碰，所以径向间隙就可稍大，一般取 0.13mm～0.16mm。

1—轴承外环；2—堵头；3—滚子；4—后泵盖；5—键；6—齿轮；7—泵体；8—前泵盖；9—螺钉；
10—压环；11—密封环；12—主动轴；13—键；14—卸油孔；15—从动轴；16—卸油槽；17—定位销

图 2-1　CB-B 齿轮泵的结构图

为了防止压力油从泵体和泵盖间泄漏到泵外，并减小压紧螺钉的拉力，在泵体两侧的端面上开有卸油槽 16，使渗入泵体和泵盖间的压力油引入吸油腔。在泵盖和从动轴上的小孔，其作用是将泄漏到轴承端部的压力油也引到泵的吸油腔去，防止油液外溢，同时也润滑了滚针轴承。

2. 内啮合式齿轮泵的结构和工作原理

内啮合式齿轮泵有隔板式内啮合式齿轮泵（如图 2-2（a）所示）和摆动式内啮合齿轮泵（如图 2-2（b）所示）两种，它们共同的特点是内外齿轮转向相同，齿面间相对速度小，运转时噪声小；齿数相异，绝对不会发生困油现象。因为外齿轮的齿端必须始终与内齿轮的齿面紧贴，以防内漏，所以内啮合齿轮泵不适用于较高压力的场合。

内啮合齿轮泵的优点是结构紧凑，体积小，零件少，转速可高达 10 000r/mim，运动平稳，噪声低，容积效率较高等，缺点是齿形复杂，加工困难，制造成本高等。

（a）有隔板式内啮合齿轮泵　　　　　（b）摆动式内啮合齿轮泵

图 2-2　内啮合式齿轮泵构和工作原理图

三、任务实施

图 2-3 所示为外啮合式齿轮泵外观和立体分解图，其拆装步骤和方法如下。

（a）外观图　　　　　　　　　　　　　（b）立体分解图

1—螺钉；2—前泵盖；3—定位销；4、5—心形密封圈；6—O形密封圈；7—轴套；8—泵体；
9—主动齿轮轴；10—从动齿轮轴；11—半圆键；12—后泵盖；13—油封；14——弹性卡簧

图 2-3　外啮合式齿轮泵外观和立体分解图

（1）准备好内六角扳手一套、耐油橡胶板一块、油盘一个及其他器具。

（2）松开泵体与泵盖的连接螺钉 1。

（3）取出定位销 3。

（4）将前泵盖 2、后泵盖 12 和泵体 8 分离开。

（5）取出密封圈 4、5、6。

（6）从泵体 8 中依次取出轴套 7、主动齿轮轴 9、从动齿轮轴 10 等。如果配合面发卡，可用铜棒轻轻敲击出来，禁止猛力敲打，损坏零件。拆卸后，观察轴套的构造，并记住安装方向。

（7）观察主要零件的作用和结构。

① 观察泵体两端面上泄油槽的形状、位置，并分析其作用。

② 观察前后端盖上的两矩形卸荷槽的形状、位置，并分析其作用。

③ 观察进、出油口的形状、位置。

（8）按拆卸的反向顺序装配齿轮泵。装配前清洗各零部件，将轴与泵盖之间、齿轮与泵体之间的配合表面涂润滑液，并注意各处密封的装配，安装浮动轴套时应将有卸荷槽的端面对准齿轮端面，径向压力平衡槽与压油口处在对角线方向，检查泵轴的旋向与泵的吸压油口是否吻合。

（9）装配完毕后，将现场整理干净。

四、知识拓展

齿轮泵的常见故障诊断与维修方法如表 2-1 所示。

表 2-1 齿轮泵的常见故障诊断与维修方法

序号	故障现象	故障原因	维修方法
1	吸不上油，无油液输出	（1）电机转向不对 （2）电机轴或泵轴上漏装了传动键 （3）齿轮与泵轴之间漏装了连接键 （4）进油管路密封圈漏装或破损 （5）进油滤油器或吸油管因油箱油液不够而裸露在油面之上，吸不上油 （6）装配时轴向间隙过大 （7）泵的转速过高或过低	（1）将电机电源进线某两相交换一下 （2）补装传动键 （3）补装连接键 （4）补装密封圈 （5）往油箱中加油至规定高度 （6）调整间隙 （7）泵的转速应调整至允许范围
2	泵虽上油，但输出油量不足，压力也升不到标定值	（1）电机转速不够 （2）选用的液压油黏度过高或过低 （3）进油滤油器堵塞 （4）前后盖板或侧盖板端面严重拉伤产生的内泄漏太大 （5）对于采用浮动轴套或浮动侧板式齿轮泵，浮动轴套或浮动侧板端面拉伤或磨损 （6）油温太高，液压油黏度降低，内泄增大使输出油量减少	（1）电机转速应达标 （2）合理选用液压油 （3）清洗滤油器 （4）用平磨磨平前后盖板或侧盖板端面 （5）修磨浮动轴套或浮动侧板端面 （6）查明原因，采取相应措施，对中高泵，应检查密封圈
3	发出"咯咯咯……"或"喳喳喳……"的噪声	（1）泵内进了空气 （2）联轴器的橡胶件破损或漏装 （3）联轴器的键或花键磨损造成回转件的径向跳动产生机械噪声 （4）齿轮泵与驱动电机安装不同心	（1）排净空气 （2）更换联轴器的橡胶件 （3）修理联轴器的键或花键，必要时更换 （4）泵与电机安装的同心度应满足要求

任务二　叶片泵拆装

一、任务分析

叶片泵广泛应用于中低压液压系统中。它具有结构紧凑，运转平稳，输出流量均匀，脉动小，噪声小的特点，但结构较复杂，吸油特性不太好，对油液的污染比较敏感。

叶片泵根据排量是否可变可分定量叶片泵和变量叶片泵两类。根据各密封工作容积在转子旋转一周吸、排油液次数的不同，它又分为双作用式叶片泵和单作用式叶片泵。双作用式叶片泵均为定量泵，单作用式叶片泵有定量和变量之分。

本任务的要求是按规范拆卸和装配常见的叶片泵，弄清叶片泵的结构和工作原理，学会叶片泵拆装方法。

二、相关知识

1. 双作用式叶片泵的结构和工作原理

双作用式叶片泵的工作原理如图 2-4 所示，该泵主要由定子 1、转子 2、叶片 3、配油盘（图中未画出）和泵体等组成。定子内表面近似为椭圆柱形，且定子和转子中心重合。在转子上沿圆周均匀分布的若干个槽内分别安放有叶片，当转子转动时，叶片在离心力和根部压力油的作用下，在转子槽内做径向移动而压向定子内表面，由两叶片、定子的内表面、转子的外表面和两侧配油盘间形成若干个密封空间。当转子按图示方向顺时针旋转时，密封空间的容积在左上角和右下角处逐渐增大，形成局部真空而吸油；密封空间的容积在右上角和左下角处逐渐减小而压油，因此，当转子每转一周，这种泵要完成两次吸油和压油，所以称为双作用式叶片泵。

1—定子；2—转子；3—叶片

图 2-4　双作用式叶片泵的工作原理图

图 2-5 所示为 YB1 型叶片泵结构图，这种泵是双作用式叶片泵，是我国自行设计自行生产的一种中压液压泵，额定压力为 6.3MPa。它由前泵体 7、后泵体 6、定子 4、左配油盘 1、右配油盘 5、转子 12、叶片 11 和传动轴 3 等组成。其结构上有以下特点。

1—左配油盘；2、8—轴承；3—传动轴；4—定子；5—右配油盘；6—后泵体；
7—前泵体；9—密封圈；10—端盖；11—叶片；12—转子；13—螺钉

图 2-5　YB1 型叶片泵的结构图

（1）采用组合装配

为了便于安装，左配油盘 1、右配油盘 5、定子 4、转子 12 和叶片 11 预先组装成一个组件，两个长螺钉 13 是组件的紧固螺钉，它的头部作为定位销插入后泵体 6 的定位孔内，并保证配油盘上吸、压油窗的位置能与定子内表面的过渡曲线相对应。当泵运转建立压力后，右配油盘 5 在右侧压力油的作用下，产生微量弹性变形，紧贴在定子上以补偿轴向间隙，减少内泄漏，有效提高叶片泵的容积效率。

（2）定子过渡曲线

定子内表面的曲线由4段圆弧和4段过渡曲线组成，理想的过渡曲线不仅应使叶片在槽中滑动时的径向速度变化均匀，而且应使叶片转到过渡曲线和圆弧段交接点处的加速度突变不大，以减小冲击和噪声，同时，还应使泵的瞬时流量的脉动最小。在较为新式的泵中均采用"等加速等减速"曲线作为过渡曲线。

（3）叶片的倾角

为了减小叶片对转子槽侧面的压紧力和磨损，YB1型叶片泵的叶片相对于转子放置方向前倾13°。

（4）配油盘

双作用式叶片泵的配油盘如图2-6所示，在盘上有两个吸油窗口2、4和两个压油窗口1、3，窗口之间为封油区，通常应使封油区对应的中心角稍大于或等于两个叶片之间的夹角，否则会使吸油腔和压油腔连通，造成泄漏，当两个叶片间密封油液从吸油区过渡到封油区时，其压力基本上与吸油压力相同，但当转子再继续旋转一个微小角度时，使该密封腔突然与压油腔相通，其中油液压力突然升高，油液的体积突然收缩，压油腔中的油倒流进该腔，从而使液压泵的瞬时流量突然减小，引起液压泵的流量脉动、压力脉动和噪声，为此，在配油盘的压油窗口靠叶片处，从封油区进入压油区的一边开有三角槽，使两叶片之间的封闭油液在未进入压油区之前就通过该三角槽与压力油相连，其压力逐渐上升，因而缓减了流量和压力脉动，并降低了噪声。环形槽c与压油腔相通并与转子叶片槽底部相通，使叶片的底部作用有压力油。

1、3—压油窗口；2、4—吸油窗口；c—环形槽
图2-6　双作用式叶片泵配油盘

（5）吸油口和压油口有4个相对位置

前、后泵体由4个布置成正方形的螺钉连接，定子、左右配油盘不动，而转子和叶片转动，前泵体的压油口可变换4个相对的位置装配，方便作用。

2. 单作用式叶片泵的结构和工作原理

单作用式叶片泵的工作原理如图2-7所示，该泵由转子1，定子2，叶片3，前、后配油盘和端盖（图中未画出）等组成。定子的内表面为圆柱形，定子和转子间有偏心距e，叶片装在转子的叶片槽中，并可在槽内滑动。当转子旋转时，由于离心力的作用，使叶片紧靠在定子内壁，这样，在两叶片、定子内壁、转子外壁和两侧配油盘间就形成了若干个密封的工作空间，当转子按图示逆时针方向旋转时，在图2-7的右部，叶片逐渐伸出，叶片间的空间逐渐增大，产生局部真空，从吸油口吸油；在图2-7的左部，叶片被定子

1—转子；2—定子；3—叶片
图2-7　单作用式叶片泵的工作原理图

内壁逐渐压进槽内，工作空间逐渐缩小，将油液从压油口压出。这种叶片泵转子每转一周，每个工作空间完成一次吸油和压油，因此称为单作用式叶片泵。

3. 外反馈限压式变量叶片泵的工作原理

外反馈限压式变量叶片泵的工作原理如图2-8所示。该泵由转子1，定子2，叶片，前、后配油盘（图中未画出），变量活塞4，调压弹簧9，调压螺钉10和流量调节螺钉5等组成。泵的出油口经通道7与活塞腔6相通，在泵未运转时，定子2在弹簧9的作用下，紧靠活塞4，并使活塞4靠在螺钉5上。这时定子和转子有一偏心量e_0，调节螺钉5的位置，便可改变e_0。

1—转子；2—定子；3—吸油窗口；4—变量活塞；5—螺钉；6—活塞腔；
7—通道；8—压油窗口；9—调压弹簧；10—调压螺钉

图2-8　外反馈限压式变量叶片泵的工作原理图

图2-9所示为限压式变量叶片泵的特性曲线，在图中AB段时，泵的工作压力p小于限定压力p_B时，$p_A < kx_0$，这时，限压弹簧的预压缩量不变，定子不移动，最大偏心量e_0保持不变，泵的输出流量为最大，而且基本不变，只是因泄漏随工作压力增加而增大，使实际输出流量减小。B点为拐点，p_B表示泵输出最大流量时可达到的最高工作压力，其大小由调压弹簧9来调节。

在图中BC段时，泵的工作压力p进一步升高，大于限定压力p_B时，$p_A \geqslant kx_0$，这时液压力就会克服弹簧的张力，推动定子向左移动，偏心量减小，泵的输出流量也减小。当泵的工作压力再升高，达到截止压力p_C时，定子移到最左端位置，偏心量减至零，泵的输出流量为零，这时，不管外负载如何加大，泵的输出压力也不会再升高，所以这种泵被称为限压式变量叶片泵。

图2-9　限压式变量叶片泵的特性曲线

4. 外反馈限压式变量叶片泵的结构

YBX 型外反馈限压式变量叶片泵的结构如图 2-10 所示，这种泵主要由传动轴 7、转子 4、叶片 5、定子 3、配油盘、泵体等组成。传动轴 7 支承在两个滚针轴承 1 上逆时针旋转，转子 4 的中心是不变的，定子 3 可以上下移动。滑块 2 用来支承定子 3，并承受压力油对定子的作用力。滑块 2 支承在滚针轴承 1 上，以便提高定子对油压变化时的反应的灵敏度。在弹簧 10 的作用下，通过弹簧座使定子紧靠在控制活塞 6 上，使定子中心和转子中心之间有一偏心距 e_0，偏心距的大小可用流量调节螺钉 8 来调节。流量调节螺钉 8 调定后，即确定了泵的最大偏心距，则泵输出的流量最大。通过压力调节螺钉 11 可调节限压弹簧 10 对定子的作用力，从而改变泵的限定工作压力。

1—滚针轴承；2—滑块；3—定子；4—转子；5—叶片；6—控制活塞；7—传动轴

8—流量调节螺钉；9—弹簧座；10—弹簧；11—压力调节螺钉

图 2-10　YBX 型外反馈限压式变量叶片泵的结构图

三、任务实施

图 2-11 所示为 YB1 叶片泵外观和立体分解图，其拆装步骤和方法如下。

（a）外观图　　　　　　　　　　（b）立体分解图

1、6—卡簧；2—油封；3—泵轴；4—键；5—轴承；7—泵盖；8~10、21—O 形密封圈；11—弹簧垫圈；

12—安装螺钉；13—左配油盘；14—转子；15—叶片；16—定子；17—定位销；18—右配油盘；

19、23—螺钉；20—自润滑轴承；22—泵体

图 2-11　YB1 叶片泵外观和立体分解图

（1）准备好内六角扳手一套、耐油橡胶板一块、油盘一个等器具。

（2）拧下 4 个螺钉 23，卸下泵盖 7。

（3）卸下泵轴 3。

（4）卸下由左配油盘 13、右配油盘 18、定子 16、转子 14 等组成的组件，使它们与泵体 22 脱离。

（5）卸下密封圈 8、9、10、21 等。

（6）再将左右配油盘、定子、转子等组件拆开。

① 拧下螺钉 19。

② 卸下左配油盘 13、右配油盘 18、定位销 17。

③ 卸下定子 16、转子的叶片 15。

（7）观察叶片泵主要零件的作用和结构。

① 观察定子内表面的 4 段圆弧和 4 段过渡曲线组成情况。

② 观察转了叶片上叶片槽的倾斜角度和斜倾方向。

③ 观察配油盘的结构。

④ 观察吸油口、压油口、三角槽、环形槽及槽底孔，并分析其作用。

⑤ 观察泵中所用密封圈的位置和形式。

（8）按拆卸时的反向顺序进行装配叶片泵。装配前清洗各零部件，将各配合表面涂润滑液，并注意各处密封的装配，检查泵轴的旋向与泵的吸压油口是否吻合。

（9）装配完毕后，将现场整理干净。

四、知识拓展

叶片泵的常见故障诊断与维修方法如表 2-2 所示。

表 2-2　　　　　　　　　　叶片泵的常见故障诊断与维修方法

序号	故障现象	故障原因	维修方法
1	泵不出油或泵输出油，但出油量不够	（1）泵的旋转方向不对 （2）泵的转速不够 （3）吸油管路或滤油器堵塞 （4）油箱液面过低 （5）液压油黏度过大 （6）配油盘端面过度磨损 （7）叶片与定子内表面接触不良 （8）叶片卡死 （9）连接螺钉松动 （10）溢流阀失灵	（1）改变电机转向 （2）提高转速 （3）疏通管路，清洗滤油器 （4）补油至油标线 （5）更换合适的油 （6）修磨或更换配油盘 （7）修磨或更换叶片 （8）修磨或更换叶片 （9）按规定拧紧螺钉 （10）调整或拆检该阀
2	泵的噪声大，振动也大	（1）吸油高度太大，油箱液面低 （2）泵与联轴器不同轴或松动 （3）吸油管路或滤油器堵塞 （4）吸油管连接处密封不严 （5）液压油黏度过大 （6）个别叶片运动不灵活或装反 （7）定子吸油区内表面磨损	（1）降低吸油高度，补充液压油 （2）重装联轴器 （3）疏通管路，清洗滤油器 （4）固紧连接件 （5）更换合适的油 （6）研磨或重装叶片 （7）抛光定子内表面

序号	故障现象	故障原因	维修方法
3	泵异常发热，油温过高	（1）环境温度过高 （2）液压油黏度过大 （3）油箱散热差 （4）电机与泵轴不同轴 （5）油箱容积不够 （6）配油盘端面过度磨损 （7）叶片与定子内表面过度磨损	（1）加强散热 （2）更换合适的油 （3）改进散热条件 （4）重装电机与泵轴 （5）更换合适的油箱 （6）修磨或更换配油盘 （7）修磨或更换配油盘和定子
4	外泄漏	（1）油封不合格或未装好 （2）密封圈损坏 （3）泵内零件间磨损，间隙过大 （4）组装螺钉过松	（1）更换或重装密封圈 （2）更换密封圈 （3）更换或重新研配零件 （4）拧紧螺钉

任务三　柱塞泵拆装

一、任务分析

柱塞泵是通过柱塞在柱塞孔内往复运动时密封工作容积的变化来实现吸油和排油的。柱塞泵具有压力高、结构紧凑、效率高、流量调节方便等优点，被广泛用于需要高压、大流量、大功率的液压传动系统中和流量需要调节的场合，如工程机械、液压机等设备上。

柱塞泵按柱塞的排列和运动方向不同，可分为径向柱塞泵和轴向柱塞泵两大类。

本任务的要求是按规范拆卸和装配常见的柱塞泵，弄清柱塞泵的结构和工作原理，学会柱塞泵等动力元件的拆装方法。

二、相关知识

1. 径向柱塞泵的结构和工作原理

径向柱塞泵的工作原理如图 2-12 所示，这种泵由柱塞 1、缸体 2、衬套 3、定子 4、配油轴 5 等组成。衬套 3 压紧在缸体 2 的内孔中，并和缸体 2 一起回转，而配油轴 5 不动。柱塞 1 径向排列装在缸体 2 中，缸体由原动机带动连同柱塞 1 一起旋转，所以缸体 2 也称为转子，柱塞 1 在离心力或在低压油的作用下抵紧定子 4 的内壁。

当转子按图示顺时针方向旋转时，由于定子和转子之间有偏心距 e，柱塞转到上半周时向外伸出，柱塞底部的容积逐渐增大，形成局部真空，经衬套 3 上的油孔从配油轴 5 上的吸油口 b 吸油；当柱塞转到下半周时，定子内壁将柱塞向里推，柱塞底部的容积逐渐减小，向配油轴 5 上的压油口 c 压油。当转子回转一周时，每个柱塞底部的密封容积完成一次吸压油，转子连续运转，即完成吸油和压油工作。

径向柱塞泵的优点是制造工艺性好、变量容易、工作压力较高、轴向尺寸小，便于做成多排柱塞的形式。其缺点是结构较复杂，径向尺寸大，自吸能力差，且配油轴受到径向不平衡液压力的作用，易于磨损，这些都限制了它的转速和压力的提高。

1—柱塞；2—缸体；3—衬套；4—定子；5—配油轴

图 2-12　径向柱塞泵的工作原理图

2. 轴向柱塞泵的结构和工作原理

轴向柱塞泵可分为斜盘式和斜轴式两大类，图 2-13 所示为斜盘式轴向柱塞泵的工作原理图。这种泵由缸体 1、配油盘 2、柱塞 3、斜盘 4、传动轴 5、弹簧 6 等主要零件组成。斜盘 4 和配油盘 2 是不动的，传动轴 5 带动缸体 1 和柱塞 3 一起转动，柱塞 3 靠机械装置或在低压油作用下压紧在斜盘上。

1—缸体；2—配油盘；3—柱塞；4—斜盘；5—传动轴；6—弹簧

图 2-13　斜盘式轴向柱塞泵的工作原理图

当传动轴按图示方向旋转时，柱塞 3 在其沿斜盘自上而下回转的半周内逐渐向缸体外伸出，使缸体孔内密封工作腔容积不断增加，产生局部真空，从而将油液经位于配油盘右部的吸油窗口吸入；柱塞在其自下而上回转的半周内又逐渐向里推入，使密封工作腔容积不断减小，将油液从位于配油盘左部的压油窗口向外排出，缸体每转一转，每个柱塞往复运动一次，完成一次吸油动作。改变斜盘的倾角 γ 大小，就可以改变柱塞的有效行程，实现泵的排量的变化。改变斜盘倾角方向，就能改变吸油和压油的方向，即成为双向变量泵。

轴向柱塞泵的优点是结构紧凑、径向尺寸小、惯性小、容积效率高，目前最高压力可达 40.0MPa，甚至更高，多用于工程机械、压力机等高压系统中，但其轴向尺寸较大，轴向作用力也较大，结构比较复杂。

斜盘式轴向柱塞泵的结构如图 2-14 所示，这种泵由主体部分和变量机构两部分组成。而主体部分由滑履 4、柱塞 5、缸体 6、配油盘 7 和缸体端面间隙补偿装置等组成，变量机构由手轮、丝杆、活塞、轴销等组成。

1—转动手轮；2—斜盘；3—回程盘；4—滑履；5—柱塞；6—缸体；7—配油盘；8—传动轴

图2-14　斜盘式轴向柱塞泵结构图

柱塞的球状头部装在滑履4内，以缸体作为支撑的弹簧通过钢球推压回程盘3，回程盘和柱塞滑履一同转动。在排油过程中借助斜盘2推动柱塞做轴向运动；在吸油时依靠回程盘、钢球和弹簧组成的回程装置将滑履紧紧压在斜盘表面上滑动。在滑履与斜盘相接触的部分有一油室，它通过柱塞中间的小孔与缸体中的工作腔相连，压力油进入油室后在滑履与斜盘的接触面间形成了一层油膜，起着静压支承的作用，使滑履作用在斜盘上的力大大减小，因而磨损也减小，这样有利于高压下的工作。传动轴8通过左边的花键带动缸体6旋转，由于滑履4贴紧在斜盘表面上，柱塞在随缸体旋转的同时在缸体中做往复运动。缸体中柱塞底部的密封工作容积是通过配油盘7与泵的进出口相通的。随着传动轴的转动，液压泵就连续地吸油和排油。

缸体柱塞孔的底部有一轴向孔，这个孔使得缸体压紧配油盘端面的作用力，除了弹簧张力外，还有该孔底面积上的液压力一同使缸体和配油盘保持良好的接触，使密封更为可靠，同时当缸体和配油盘配合面磨损后可以得到自动补偿，于是提高了泵的容积效率。

在变量轴向柱塞泵中均设有专门的变量机构，用来改变倾斜盘倾角δ的大小，以调节泵的排量。变量方式有手动式、伺服式、压力补偿式等多种。如图2-14所示的轴向柱塞泵采用手动变量机构，变量时，可用转动手轮1来实现。

3. 液压泵的图形符号

液压泵的图形符号如图2-15所示。

（a）单向定量液压泵　　（b）单向变量液压泵　　（c）双向定量液压泵　　（d）双向变量液压泵

图2-15　液压泵的图形符号图

4. 液压泵的主要性能参数

（1）排量和流量

① 排量 V

排量是指液压泵每转一周，由其密封容积几何尺寸变化计算而得的排出液体的体积。排量可调节的液压泵称为变量泵，排量为常数的液压泵则称为定量泵。

② 理论流量 q_t

理论流量是指在不考虑液压泵的泄漏流量的情况下，在单位时间内所排出的液体体积的平均值。显然，如果液压泵的排量为 V，其主轴转速为 n，则该液压泵的理论流量 q_t 为

$$q_t = Vn \qquad (2-1)$$

③ 实际流量 q

实际流量是指液压泵在某一具体工况下，单位时间内所排出的液体体积，它等于理论流量 q_t 减去泄漏流量 Δq，即

$$q = q_t - \Delta q \qquad (2-2)$$

④ 额定流量 q_n

额定流量 q_n 是指液压泵在正常工作条件下，按试验标准规定（如在额定压力和额定转速下）必须保证的流量。

（2）压力

① 工作压力

工作压力是指液压泵实际工作时的输出压力。工作压力的大小取决于外负载的大小和排油管路上的压力损失，而与液压泵的流量无关。

② 额定压力

液压泵的额定压力是指液压泵在正常工作条件下，按试验标准规定连续运转的最高压力。

③ 最高允许压力

液压泵的最高允许压力是指在超过额定压力的条件下，根据试验标准规定，允许液压泵短暂运行的最高压力值。

（3）液压泵的功率

① 输出功率 P_o

液压泵的输出功率 P_o 是指液压泵在工作过程中的实际输出液体压力 p 和输出流量 q 的乘积，即

$$P_o = pq \qquad (2-3)$$

② 输入功率 P_i

液压泵的输入功率 P_i 是指作用在液压泵主轴上的机械功率，当输入转矩为 T_i，角速度为 ω 时，有：

$$P_i = 2\pi n T_i \qquad (2-4)$$

（4）液压泵的总效率

① 机械效率 η_m

液压泵的机械效率等于液压泵的理论转矩 T_t 与实际输入转矩 T_i 之比，即

$$\eta_m = \frac{T_t}{T_i} \qquad (2-5)$$

② 容积效率 η_V

由于液压泵内部高压腔的泄漏、油液的压缩以及在吸油过程中由于吸油阻力太大、油液黏度大以及液压泵转速高等原因而导致油液不能全部充满密封工作腔，液压泵的实际输出流量总是小于其理论流量，容积效率 η_V 是指液压泵的实际输出流量 q 与其理论流量 q_t 之比，即

$$\eta_V = \frac{q}{q_t} \qquad (2-6)$$

③ 总效率 η

液压泵的总效率 η 是指液压泵的实际输出功率 P_o 与其输入功率 P_i 的比值，即

$$\eta = \frac{P_o}{P_i} = \eta_V \eta_m \tag{2-7}$$

5. 液压泵的选用

液压泵是液压传动系统的核心元件，合理选用好液压泵，对液压传动系统可靠工作至关重要。选择液压泵的原则：根据主机工况、功率大小和液压系统对工作性能的要求，首先确定液压泵的类型，然后按系统所要求的压力、流量大小确定其规格型号。表 2-3 所示为常用液压泵的主要性能和应用范围，供选用时参考。

表 2-3 各类液压泵的主要性能

性能 \ 类型	齿轮泵	双作用叶片泵	限压式变量叶片泵	径向柱塞泵	轴向柱塞泵
输出压力/MPa	<20	6.3~20	≤7	10~20	20~35
排量/（mL/r）	2.5~210	2.5~237	10~125	0.25~188	2.5~915
流量调节	不能	不能	能	能	能
效率	0.60~0.85	0.75~0.85	0.70~0.85	0.75~0.92	0.85~0.95
输出流量脉动	很大	很小	一般	一般	一般
自吸特性	好	较差	较差	差	差
对油的污染敏感性	不敏感	较敏感	较敏感	很敏感	很敏感
噪声	大	小	较大	大	大
造价	最低	中等	较高	高	高
应用范围	机床、工程机械、农业机械、航空、船舶和一般机械	机床、注塑机、液压机、起重机械、工程机械	机床、注塑机	机床、冶金机械、锻压机械、工程机械、航空、船舶	机床、液压机、船舶

一般来说，负载小、功率小的液压设备可选用齿轮泵、双作用式叶片泵；负载较大并有快慢两速工作行程的设备可选用限压式变量叶片泵和双联叶片泵，精度较高的设备（磨床），可用双作用叶片泵、螺杆泵；负载大、功率大的设备（如刨床、拉床、压力机等）可选用柱塞泵；机械设备的辅助装置如送料、夹紧装置等不重要场合，可选用齿轮泵。

三、任务实施

图 2-14 所示的斜盘式轴向柱塞泵结构，其拆装步骤和方法如下。

（1）准备好内六角扳手一套、耐油橡胶板一块、油盘一个等器具。

（2）卸下前泵体上的螺钉（10 个）、销子，分离前泵体与中间泵体。

（3）卸下变量机构上的螺钉（10 个，图中未示出），分离中间泵体与变量机构。

（4）拆卸前泵体部分零件。拆下端盖，再拆下传动轴、前轴承及轴套等。

（5）拆卸中间泵体部分零件。拆下回程盘及其上 7 个柱塞，取出中心弹簧、钢球、内套、外套等，最后卸下缸体、配油盘。

（6）拆卸变量机构部分零件。拆下斜盘，拆掉手轮上的销子，拆掉手轮。拆掉两端的 8 个螺钉，卸掉端盖，取出丝杆、变量活塞等。

（7）观察其主要零件的结构和作用。

① 观察柱塞球形头部与滑履之间的连接形式，滑履与柱塞之间相互滑动情况。

② 观察滑履上的小孔。

③ 观察配油盘的结构，找出吸油口，分析外圈的环形卸压槽、两个通孔和 4 个盲孔的作用。

④ 观察泵的密封、连接和安装形式。

（8）按拆卸的反向顺序进行装配。装配前清洗各零部件，将各配合表面涂润滑液，并注意各处密封的装配。

（9）装配完毕后，将现场整理干净。

四、知识拓展

柱塞泵的常见故障诊断与维修方法如表 2-4 所示。

表 2-4　　　　　　　　　　　柱塞泵的常见故障诊断与维修方法

序号	故障现象	故障原因	维修方法
1	泵输出的油量不够或完全不出油	（1）泵的旋转方向不对 （2）泵的转速不够 （3）吸油管路或滤油器堵塞 （4）油箱液面过低 （5）液压油黏度过大 （6）柱塞与缸体或配油盘与缸体间过度磨损 （7）中心弹簧折断，柱塞回程不够或不能回程	（1）改变电机转向 （2）提高转速 （3）疏通管路，清洗滤油器 （4）补油至油标线 （5）更换合适的油 （6）更换柱塞，修磨配油盘与缸体接触面 （7）更换中心弹簧
2	泵的输出油压低或没有油压	（1）溢流阀失灵 （2）柱塞与缸体或配油盘与缸体间过度磨损 （3）变量机构倾角不够	（1）调整或拆检该阀 （2）更换柱塞，修磨配油盘与缸体接触面 （3）调整变量机构倾角
3	泵异常发热，油温过高	（1）环境温度过高 （2）液压油黏度过大 （3）油箱散热差 （4）电机与泵轴不同轴 （5）油箱容积不够 （6）柱塞与缸体或配油盘与缸体间过度磨损	（1）加强散热 （2）更换合适的油 （3）改进散热条件 （4）重装电机与泵轴 （5）更换合适的油箱 （6）更换柱塞，修磨配油盘与缸体接触面
4	外泄漏	（1）油封不合格或未装好 （2）密封圈损坏 （3）泵内零件间磨损，间隙过大 （4）组装螺钉过松	（1）更换或重装密封圈 （2）更换密封圈 （3）更换或重新研配零件 （4）拧紧螺钉

习　题

1. 简述外啮合式齿轮泵的结构和工作原理。
2. 简述双作用叶片泵的结构和工作原理。
3. 简述斜盘式轴向柱塞泵的工作原理图。
4. 简述外啮合式齿轮泵拆装步骤和方法。
5. 简述 YB1 型叶片泵拆装步骤和方法。
6. 简述斜盘式轴向柱塞泵拆装步骤和方法。

项目三

液压执行元件拆装

液压执行元件的作用是将液体的压力能转换成机械能以驱动工作机构进行工作。执行元件包括液压缸和液压马达。

本项目的要求是按规范拆装液压缸和液压马达等执行元件，弄清液压缸、液压马达的结构和工作原理，学会液压缸和液压马达的拆装方法。

任务一　液压缸拆装

一、任务分析

液压缸又称油缸，它是实现直线往复运动或旋转摆动的执行元件，它将液体的压力能转换成机械能。液压缸按结构特点分，可分为活塞缸、柱塞缸和摆动缸 3 种类型。按其作用方式不同，液压缸又可分为单作用式液压缸和双作用式液压缸两种。

本任务的要求是按规范拆装液压缸，弄清液压缸的结构和工作原理，学会液压缸的拆装方法。

二、相关知识

1. 活塞缸的结构和工作原理

活塞缸按活塞杆的多少不同，可分为单杆式和双杆式两种。按其固定方式不同，可分为缸体固定式和活塞杆固定式两种。

（1）单杆活塞缸的结构和工作原理

单杆活塞缸工作原理如图 3-1 所示，其活塞的一侧有伸出杆，两腔的有效工作面积不相等。当向两腔分别供油，且供油压力和流量相同时，活塞在两个方向的推力和运动速度不相等。

当无杆腔进压力油，有杆腔回油（如图 3-1（a）所示）时，活塞推力 F_1 和运动速度 v_1 分别为

$$F_1 = A_1 p_1 - A_2 p_2 = \frac{\pi}{4} D^2 p_1 - \frac{\pi}{4}(D^2 - d^2) p_2 = \frac{\pi}{4} D^2 (p_1 - p_2) + \frac{\pi}{4} d^2 p_2 \tag{3-1}$$

$$v_1 = \frac{q}{A_1} = \frac{4q}{\pi D^2} \tag{3-2}$$

（a）无杆腔进压力油

（b）有杆腔进压力油

图 3-1　单杆式活塞缸工作原理图

当有杆腔进压力油，无杆腔回油（见图 3-1（b））时，活塞推力 F_2 和运动速度 v_2 分别为

$$F_2 = A_2 p_1 - A_1 p_2 = \frac{\pi}{4}(D^2 - d^2)p_1 - \frac{\pi}{4}D^2 p_2 = \frac{\pi}{4}D^2(p_1 - p_2) - \frac{\pi}{4}d^2 p_1 \tag{3-3}$$

$$v_2 = \frac{q}{A_2} = \frac{4q}{\pi(D^2 - d^2)} \tag{3-4}$$

比较式（3-1）～式（3-4）可知：$F_1 > F_2$，$v_1 < v_2$。即无杆腔进压力油工作时，推力大，速度低；有杆腔进压力油工作时，推力小，速度高。因此，单杆活塞缸常用于一个方向有较大负载但运行速度低，另一个方向为空载快速退回运动的设备。如起重机、压力机、注塑机等设备的液压系统就常用单杆活塞缸。

液压缸差动连接（见图 3-2）时：活塞推力 F_3 和运动速度 v_3 分别为

$$F_3 = A_1 p_1 - A_2 p_1 = (A_1 - A_2)p_1 = \frac{\pi}{4}d^2 p_1 \tag{3-5}$$

$$v_3 = \frac{q}{A_1 - A_2} = \frac{4q}{\pi d^2} \tag{3-6}$$

比较式（3-1）和式（3-5）可知，$F_1 > F_3$；比较式（3-2）和式（3-6）可知，$v_1 < v_3$。这说明单杆活塞缸差动连接时，能使运动部件获得较高的速度和较小的推力。因此，单杆活塞缸常用在需要实现"快进（差动连接）→工进（无杆腔进压力油）→快退（有杆腔进压力油）"工作循环的组合机床等设备的液压系统中。如果要求"快进"和"快退"速度相等，即 $v_3 = v_2$，由式（3-4）和式（3-6）可得，$D = \sqrt{2}d$。

单杆活塞缸不论缸体固定，还是活塞杆固定，工作台的运动范围都略大于缸有效行程的两倍。

图 3-2　差动连接的单杆活塞缸工作原理图

图 3-3 所示为一个较常用的双作用单活塞杆液压缸结构图。它是由缸底 20、缸筒 10、缸盖 9、活塞 11 和活塞杆 18 组成的。缸筒一端与缸底焊接，另一端缸盖与缸筒用卡键 6、套 5 和弹簧挡圈 4 固定，以便拆装检修，两端设有油口 A 和 B。活塞 11 与活塞杆 18 利用卡键 15、卡键帽 16 和弹簧挡圈 17 连在一起。活塞与缸孔的密封采用的是一对 Y 形聚氨酯密封圈 12，由于活塞与缸孔有一定间隙，采用耐磨环 13 定心导向。杆 18 和活塞 11 的内孔由密封圈 14 密封。较长的导向套则可保证活塞杆不偏离中心，导向套外径由 O 形圈 7 密封，而其内孔则由 Y 形密封圈 8 和防

尘圈3分别防止油外漏和灰尘带入缸内。缸与杆端销孔与外界连接，销孔内有尼龙衬套抗磨。

1—耳环；2—螺母；3—防尘圈；4、17—弹簧挡圈；5—套；6、15—卡键；7、14—O形密封圈；
8、12—Y形密封圈；9—缸盖；10—缸筒；11—活塞；13—耐磨环；16—卡键帽；
18—活塞杆；19—衬套；20—缸底

图3-3 双作用单活塞杆液压缸结构图

（2）双杆活塞缸的结构和工作原理

双杆活塞缸结构如图3-4所示，其活塞的两侧都有伸出杆，当两活塞杆直径相同，缸两腔的供油压力和流量都相等时，活塞（或缸体）两个方向的运动速度和推力也都相等。因此，这种液压缸常用于要求往复运动速度和负载相同的场合，如各种磨床。

（a）缸体固定式　　　　　　　　　　（b）活塞固定式

图3-4 双杆式活塞缸结构简图

图3-4（a）所示为缸体固定式双杆活塞缸简图。当液压缸的左腔进压力油，右腔回油时，活塞带动工作台向右移动；反之，液压缸的右腔进压力油，左腔回油时，活塞带动工作台向左移动。工作台的移动范围略大于液压缸有效长度的3倍，所以设备占地面积大，因此这种液压缸一般用于小型设备的液压系统上。

图3-4（b）所示为活塞固定式双杆活塞缸简图。工作台的运动范围略大于缸的有效行程的两倍，常用于行程长的大、中型设备的液压系统上。

图3-5所示为一空心双活塞杆式液压缸的结构图，液压缸的左右两腔是通过油口b和d经活塞杆1和15的中心孔与左右径向孔a和c相通的。由于活塞杆固定在床身上，缸体10固定在工作台上，工作台在径向孔c接通压力油，径向孔a接通回油时向右移动；反之则向左移动。在这里，缸盖18和24通过螺钉（图中未画出）与压板11和20相连，并经钢丝环12相连，左缸盖24空套在托架3孔内，可以自由伸缩。空心活塞杆的一端用堵头2堵死，并通过锥销9和22与活塞8相连。缸筒相对于活塞运动由左右两个导向套6和19导向。活塞与缸筒之间、缸盖与活塞杆之间以及缸盖与缸筒之间分别用O形圈7、V形圈4和17及纸垫13和23进行密封，以防止油液的内、外泄漏。缸筒在接近行程的左右终端时，径向孔a和c的开口逐渐减小，对移动部件起制动缓冲作用。为了排除液压缸中剩留的空气，缸盖上设置有排气孔5和14，经导向套环槽的侧面孔道（图中未画出）引出与排气阀相连。

1—活塞杆；2—堵头；3—托架；4、17—V形密封圈；5、14—排气孔；6、19—导向套；7—O形密封圈；8—活塞；
9、22—锥销；10—缸体；11、20—压板；12、21—钢丝环；13、23—纸垫；15—活塞杆；16、25—压盖；18、24—缸盖

图 3-5　空心双活塞杆式液压缸的结构图

2. 柱塞缸的结构和工作原理

柱塞缸的结构如图 3-6（a）所示，当压力油进入缸筒时，推动柱塞并带动运动部件向右移动。柱塞缸都是单作用液压缸，只能做单向运动，其回程必须靠其他外力或自重驱动，在龙门刨床、导轨磨床等大行程设备中，为了得到双向运动，柱塞缸常成对使用，如图 3-6（b）所示。

图 3-6　柱塞缸的结构简图

柱塞缸的主要特点是柱塞与缸筒无配合要求，缸筒内孔不需进行精加工，甚至可以不加工，柱塞运动时由导向套导向，所以特别适用于行程较长的场合。

3. 摆动缸的结构和工作原理

摆动缸也称摆动液压马达，它的作用是将油液的压力能转变为叶片和输出轴往复摆动的机械能，它的结构如图 3-7 所示。它有单叶片式和双叶片式两种。

1—定子块；2—缸体；3—摆动轴；4—叶片

图 3-7　摆动缸的结构简图

摆动缸由定子块 1、缸体 2、摆动轴 3 和叶片 4 等组成。定子块固定在缸体上，叶片与输出轴连为一体，当两油口交替通入压力油时，叶片即带动输出轴做往复摆动。单叶片摆动液压缸的摆角一般不超过 280°，双叶片摆动液压缸的摆角一般不超过 150°。

摆动缸结构紧凑，但密封性较差，一般只用于送料、夹紧、工作台回转等辅助装置的低压液压传动系统中。

4. 液压缸的图形符号

液压缸的图形符号如图 3-8 所示。

（a）双杆活塞缸　　（b）单作用单杆活塞缸　　（c）双作用单杆活塞缸　　（d）摆动缸

图 3-8　液压缸的图形符号图

三、任务实施

1. 液压缸的拆装

图 3-9 所示为双作用单杆活塞式液压缸外观和立体分解图，我们以这种液压缸为例说明液压缸的拆装步骤和方法。

（a）外观图　　　　　　　　　　　　　　（b）立体分解图

1—防尘密封；2—磨损补偿环；3—导向套；4、12、14、16—O 形密封圈；5—螺母；6—密封圈；
7—缓冲节流阀；8、10—螺钉；9—支承板；11—法兰盖；13—减震垫；15—卡簧；
17—活塞补偿环；18—活塞密封；19—活塞；20—缓冲套；21—活塞杆；22—双头螺杆

图 3-9　双作用单杆活塞式液压缸外观和立体分解图

① 准备好内六角扳手一套、耐油橡胶板一块、油盘一个等器具。

② 卸下双头螺杆 22、两个螺母 5。

③ 卸下右端盖。

④ 卸下左端盖上的螺钉 10，取下法兰盖 11。

⑤ 依次卸下防尘密封 1、磨损补偿环 2、导向套 3、密封圈 4、6。

⑥ 卸下左端盖。

⑦ 卸下左、右端盖上的螺钉 8，取下支承板 9、缓冲节流阀 7、密封圈 14。

⑧ 卸下密封圈 12、减震垫 13。

⑨ 卸下活塞和活塞杆组件。

⑩ 卸下卡簧 15，取下活塞补偿环 17、活塞密封 18、活塞 19、缓冲套 20 和密封圈 16。

⑪ 观察液压缸主要零件的作用和结构。

a. 观察所拆卸液压缸的类型和安装形式。

b. 观察活塞与活塞杆的连接形式。

c. 观察缸盖与缸体的连接形式。

d. 观察液压缸中所用密封圈的位置和形式。

⑫ 按拆卸时的反向顺序进行装配。装配前清洗各零部件，将活塞杆与导向套、活塞杆与活塞、活塞与缸体等配合表面涂润滑液，并注意各处密封的装配。

四、知识拓展

液压缸的常见故障诊断与维修方法如表 3-1 所示。

表 3-1　　　　　　　　　　液压缸的常见故障诊断与维修方法

序号	故障现象	故障原因	维修方法
1	液压缸不动作	(1) 系统压力油未进入液压缸 (2) 系统压力上不去 (3) 安装连接不良	(1) 疏通油路 (2) 综合分析，排除故障 (3) 重新正确安装液压缸
2	液压缸能运动，但速度达不到规定值	(1) 液压泵的供油不足，压力不够 (2) 系统漏油量过大 (3) 液压缸工作腔与回油腔窜腔 (4) 液压缸或活塞过度磨损	(1) 排除液压泵故障 (2) 参考相关项目，排除故障 (3) 更换密封圈 (4) 修磨或更换活塞
3	液压缸爬行	(1) 液压缸内进了空气 (2) 液压缸内因异物和水分进入，产生局部拉伤和烧结现象 (3) 液压缸安装不良，其中心线与导向套的导轨不平行 (4) 运动密封件装配过紧 (5) 活塞杆与活塞不同轴 (6) 导向套与缸筒不同轴 (7) 活塞杆弯曲 (8) 缸筒内径圆柱度超差 (9) 活塞杆两端螺母拧得过紧 (10) 液压缸运动件之间间隙过大	(1) 排除液压缸内空气 (2) 修磨液压缸内壁 (3) 重新安装液压缸 (4) 调整密封圈 (5) 校正、修整或更换 (6) 校正、修整导向套 (7) 校直活塞杆 (8) 镗磨缸筒，重配活塞 (9) 松至合理程度 (10) 减小配合间隙
4	不正常声响和抖动	(1) 液压缸内进了空气 (2) 滑动面配合太紧或拉毛 (3) 缸壁胀大，活塞密封损坏，压油腔的压力油通过缝隙高速泄回油腔，会发出"咝咝"不正常声响	(1) 排除液压缸内空气 (2) 修磨滑动面 (3) 更换活塞密封圈

续表

序号	故障现象	故障原因	维修方法
5	液压缸端部冲击	(1) 缓冲间隙过大 (2) 缓冲装置中的单向阀失灵	(1) 减小缓冲间隙 (2) 更换单向阀
6	液压缸泄漏	(1) 液压缸密封不良 (2) 连接处接合不良 (3) 零件变形或破损	(1) 重装或更换密封圈 (2) 修磨连接处接合面 (3) 校正或更换零件

任务二　液压马达拆装

一、任务分析

液压马达是实现连续回转运动的执行元件，它将液体的压力能转换成机械能。液压马达可分为齿轮式、叶片式和柱塞式3种。

本任务的要求是按规范拆装液压马达，弄清液压马达的结构和工作原理，学会其拆装方法。

二、相关知识

1. 齿轮式液压马达的结构和工作原理

齿轮式液压马达适用于高转速、低扭矩的场合，它的结构和工作原理如图3-10所示，它与齿轮式液压泵的结构基本相同，最大的不同是齿轮式液压马达的两个油口一样大，且内泄漏单独引出油箱。当高压油进入右腔时，由于两个齿轮的受压面积存在差异，因而产生转矩，推动齿轮转动。

图3-10　齿轮式液压马达的结构和工作原理图

2. 叶片式液压马达的结构和工作原理

叶片式液压马达的动作灵敏，转子惯性小，可以频繁换向，但泄漏量较大，不宜用于低速场合。因此叶片液压马达多用于转速高、转矩小、动作要求灵敏的场合。

叶片式液压马达的结构和工作原理如图 3-11 所示，这种马达由转子、定子、叶片、配油盘转子轴和壳体等组成。叶片式液压马达的叶片径向放置，以便马达可以正反向旋转；在吸、压油腔通入叶片根部的通路上设有单向阀，使叶片底部能与压力油相通，以保证马达的正常启动；在每个柱塞根部均设有弹簧，使叶片始终处于伸出状态，以保证密封。

当压力油进入压油腔后，在叶片 3、7 和叶片 1、5 上，一面作用有高压油，另一面则为低压油，由于叶片 3、7 的受力面积大于叶片 1、5 的受力面积，从而由叶片受

图 3-11　叶片式液压马达的结构和工作原理图

力差构成的力矩推动转子和叶片顺时针旋转。如果改变进油方向，液压马达就会反转。

3. 轴向柱塞式液压马达的结构和工作原理

斜盘式轴向柱塞马达一般转矩小，多用于低转矩高转速工作场合，它的结构和工作原理图如图 3-12 所示，这种马达由倾斜盘 1、缸体 2、柱塞 3、配油盘 4 等组成。工作时，压力油经配油盘进入柱塞底部，柱塞受压力油作用外伸，并紧压在斜盘上，这时在斜盘上产生一反作用力 F，F 可分成轴向分力 F_x 和径向分力 F_y，轴向分力 F_x 与作用在柱塞上的液压力相平衡，而径向分力 F_y 使转子产生转矩，使缸体旋转，从而带动液压马达的传动轴转动。

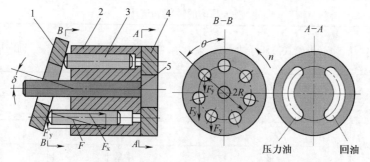

1—倾斜盘；2—缸体；3—柱塞；4—配油盘

图 3-12　斜盘式轴向柱塞马达的结构和工作原理图

4. 液压马达的主要性能参数

（1）容积效率和转速

液压马达的容积效率 η_V 是理论流量和实际流量之比。即

$$\eta_V = \frac{Vn}{q} \tag{3-7}$$

液压马达的转速

$$n = \frac{q}{V}\eta_V \tag{3-8}$$

（2）转矩和机械效率

若不考虑马达的摩擦损失，液压马达的理论输出转矩 T_t 的公式与泵相同，即

$$T_t = \frac{pV}{2\pi} \qquad (3-9)$$

实际上液压马达存在机械损坏，设摩擦损坏造成的转矩为 ΔT，则液压马达实际输出转矩 $T = T_t - \Delta T$，设机械效率为 η_m，则

$$\eta_m = \frac{T}{T_t} \qquad (3-10)$$

（3）液压马达的总效率 η

$$\eta = \frac{T2\pi n}{pq} = \eta_V \cdot \eta_m \qquad (3-11)$$

（4）液压马达的图形符号（见图3-13）

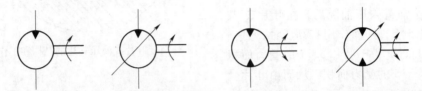

（a）单向定时液压马达　（b）单向变量液压马达　（c）双向定量液压马达　（d）双向变量液压马达

图3-13　液压马达的图形符号图

（5）液压马达的选用

液压马达的选用与液压泵的选用原则基本相同。在选用液压马达时，首先确定液压马达的类型，然后按液压系统所要求的压力、流量大小确定其规格型号。选用液压马达时可根据表3-2所列出的常用液压马达的主要性能和应用范围，进行综合比较而定。

表3-2　　　　　　　　　　　　　液压马达的性能和选用

性能 ＼ 类型	齿轮式液压马达	叶片式液压马达	轴向柱塞液压马达
压力/ MPa	<20	6.3~20	20~35
排量/（mL/r）	2.5~210	2.5~237	2.5~915
噪声	大	小	大
单位功率造价	最低	中等	高
应用范围	钻床、风扇以及工程机械、农业机械的回转机构	有回转工作台的机床	起重机、铰车、铲车、内燃机车、数控机床等设备

三、任务实施

图3-14所示为齿轮式液压马达外观和立体分解图，我们以这种液压马达为例说明液压马达的拆装步骤和方法。

① 准备好内六角扳手一套、耐油橡胶板一块、油盘一个等器具。

② 卸下4个螺钉12。

(a) 外观图　　　　　　　　　　　　　　　　(b) 立体分解图

1—壳体；2—定位销；3—输出齿轮轴；4—键；5—从动齿轮轴；
6—O形密封圈；7—前盖；8—轴封；9、10—垫；11—卡簧；12—螺钉

图 3-14　齿轮式液压马达外观和立体分解图

③ 卸下壳体 1。

④ 卸下键 4，卡簧 11，垫 10、垫 9，轴封 8。

⑤ 卸下定位销 2。

⑥ 卸下输出齿轮轴 3、从动齿轮轴 5。

⑦ 观察主要零件的作用和结构。

⑧ 按拆卸的反向顺序装配液压马达。装配前清洗各零部件，将轴与泵盖之间、齿轮与泵体之间的配合表面涂润滑液，并注意各处密封的装配。

四、知识拓展

液压马达的常见故障诊断与维修方法如表 3-3 所示。

表 3-3　　　　　　　　　　　液压马达的常见故障诊断与维修方法

序号	故障现象	故障原因	维修方法
1	转速低，输出转矩小	(1) 电机转速低，功率不匹配 (2) 滤油器或管路阻塞 (3) 液压油黏度不合适 (4) 密封不严，有空气进入 (5) 油液污染，堵塞了马达通道 (6) 液压马达的零件过度磨损 (7) 单向阀密封不严，溢流阀失灵	(1) 更换电机 (2) 清洗滤油器或疏通管路 (3) 更换液压油 (4) 固紧密封圈 (5) 拆卸、清洗马达，更换液压油 (6) 检修或更换 (7) 修理阀芯或阀座
2	噪声过大	(1) 联轴器与马达传动轴不同轴 (2) 齿轮式液压马达齿形精度低，接触不良，轴向间隙小，内部个别零件损坏，齿轮内孔与端面不垂直，端盖上两孔不平行，滚针轴承断裂，轴承架损坏 (3) 叶片或主配油盘接触的两侧面、叶片顶端或定子内表面磨损或刮伤，扭力弹簧变形或损坏	(1) 调整或重新安装 (2) 更换齿轮，或研磨修整齿形，研磨有关零件，重配轴向间隙，更换损坏的零件 (3) 更换叶片或主配油盘

续表

序号	故障现象	故障原因	维修方法
3	泄漏	（1）管接头未拧紧 （2）接合面未拧紧 （3）密封件损坏 （4）相互运动零件间的间隙过大 （5）配油装置发生故障	（1）拧紧管接头 （2）拧紧接合面 （3）更换密封件 （4）调整间隙或更换损坏零件 （5）检修配油装置

习　题

1. 简述液压缸的作用、类型及特点。
2. 简述液压缸的拆装步骤和方法。
3. 简述齿轮式液压马达的拆装步骤和方法。

项目四

液压控制元件和液压辅助元件拆装

液压控制元件，又称液压控制阀（简称液压阀），它包括压力阀、方向阀和流量阀，其作用是对系统中工作介质的压力、方向、流量进行控制和调节，以满足液压缸、液压马达等执行元件不同的动作要求，它是直接影响液压系统工作过程和工作特性的重要元器件。

液压辅助元件包括密封装置、滤油器、油箱、管件、蓄能器等。它们和其他液压元件一样，都是液压系统中不可缺少的组成部分。

本任务的要求是按规范拆装液压控制元件和液压辅助元件的结构和工作原理，学会压力阀、方向阀、流量阀等液压控制元件和液压辅助元件拆装方法。

任务一　压力阀拆装

一、任务分析

压力阀是是压力控制阀的简称，它是通过控制液压传动系统的压力或利用压力的变化来实现某种动作的阀。这类阀的共同点是利用作用在阀芯上的液压力和弹簧力相平衡的原理来工作。按用途不同，可分溢流阀、顺序阀、减压阀和压力继电器等。

本任务的要求是按规范拆装溢流阀、顺序阀、减压阀和压力继电器，弄清溢流阀、减压阀、顺序阀和压力继电器的结构和工作原理，学会溢流阀、顺序阀、减压阀和压力继电器的拆装方法。

二、相关知识——压力阀的结构和工作原理

1. 溢流阀的结构和工作原理

溢流阀是构成液压系统不可缺少的液压元件，通过溢流阀的溢流、调节可限制液压系统的最高压力。按其结构和工作原理溢流阀分为直动式和先导式两种。直动式用于低压系统，先导式用于中、高压系统。

（1）直动式溢流阀的结构和工作原理

锥阀芯直动式溢流阀的结构、工作原理和图形符号图如图 4-1 所示，这种阀由阀体 1、阀座 2、阀芯 3、弹簧 4、调整螺钉 5 等组成。阀芯 3 在弹簧 4 的作用下紧压在阀座 2 上，阀体 1

上开有进油口 P 和出油口 T，压力油从进油口 P 进入，并作用在阀芯 3 上。当油压力低于调压弹簧力时，阀芯 3 在弹簧力的作用下压紧在阀座 2 上，阀口关闭，P 与 T 不相通，溢流口无压力油溢出；当油压力超过弹簧力时，阀芯 3 向右移动，阀口开启，P 与 T 相通，压力油从溢流口 T 流回油箱，弹簧力随着开口量的增大而增大，直至与油压力相平衡。拧动调整螺钉即可调节弹簧的预紧力，从而调整溢流压力。

（a）结构、工作原理图　　　　　　　　（b）图形符号图

1—阀体；2—阀座；3—阀芯；4—弹簧；5—调整螺钉

图 4-1　锥阀芯直动式溢流阀结构、工作原理和图形符号图

（2）先导式溢流阀的结构和工作原理

先导式溢流阀的结构、工作原理和图形符号图如图 4-2 所示，这种阀为一种典型的三节同心结构，由先导阀和主阀两部分组成。先导阀是一个小规格锥阀芯直动式溢流阀，主阀的阀芯 5 上开有阻尼小孔 e，主阀的阀体上还加工有孔道 a、b、c、d。

（a）结构、工作原理图　　　　　　　　（b）图形符号图

1—先导阀锥阀芯；2—锥阀座；3—主阀弹簧；4—主阀阀体；5—主阀阀芯

图 4-2　先导式溢流阀的结构、工作原理和图形符号图

工作时，压力油从进油口 P 进入，经主阀的阀芯 5 上开有阻尼小孔 e 和主阀阀体上的孔道 c，作用于先导阀的锥阀芯 1 上（一般情况下外控口 K 是堵塞的）。当进油口 P 的压力低于先导阀弹簧的调定压力时，先导阀关闭，主阀芯 5 上下两端压力相等，主阀芯 5 在主阀弹簧 3 作用下处于最下方，主阀关闭，不溢流；当进油口 P 的压力高于先导阀弹簧的调定压力时，先导阀被推开，主阀芯上腔的压力油经锥阀阀口、主阀阀体上的孔道 a，由回油口 T 流回油箱，由于小孔阻尼大，在主阀芯上下端形成一定的压力差，主阀芯便在此压力差的作用下克服主阀弹簧的张力上移，阀口打开，P 与 T 接通，达到溢流的目的。调节螺母即可改变先导阀弹簧的预压缩量，从而

调整系统的压力。

先导式溢流阀上有一远程控制口 K，若将 K 口用管道与其他阀接通，就可实现各种功能。当该孔口与远程调压阀接通时，可实现液压系统的远程调压；当该口与油箱接通时，可实现系统卸荷。

（3）溢流阀的启闭特性

溢流阀的启闭特性是指溢流阀在稳态情况下从开启到闭合（溢流量减小为额定流量的1%以下）的过程中，被控压力与通过溢流阀的溢流量之间的关系。它是衡量溢流阀定压精度的一个重要指标。

溢流阀的启闭特性一般用溢流阀处于额定流量、调定压力 p_s 时，开始溢流的开启压力 p_K 及停止溢流的闭合压力 p_B 分别与 p_s 的百分比来衡量，前者称为开启比（不小于90%），后者称为闭合比（不小于85%），两个百分比越大，则两者越接近，溢流阀的启闭特性就越好，直动式和先导式溢流阀的启闭特性曲线如图4-3所示。

（4）溢流阀的应用

溢流阀在液压系统中主要起调压和安全作用，也可作背压阀和卸荷阀用，如图4-4所示。

图4-3 溢流阀的启闭特性图

① 调压作用

溢流阀的调压作用如图4-4（a）所示，这种回路采用定量泵供油的节流调速系统，常在其进油路或回油路上设置节流阀或调速阀，使泵油的一部分进入液压缸工作，而多余的油经溢流阀流回油箱，从而控制液压系统的压力。调节溢流阀弹簧的预紧力，也就调节了系统的工作压力。这种系统中的溢流阀又常被称为调压阀。

② 安全作用

溢流阀的安全作用如图4-4（b）所示，这种回路采用变量泵供油的液压系统，没有多余的油液需通过溢流阀溢流，系统工作压力由负载决定。这时与泵并联的溢流阀是常闭的，即系统正常工作时，溢流阀阀口是关闭的。一旦过载，溢流阀阀口立即打开，使油液流回油箱，系统压力不会再升高，以保障系统的安全。因此，这种系统中的溢流阀又常被称为安全阀。

③ 作背压阀用

溢流阀的作背压阀用情况如图4-4（c）所示，将溢流阀设置在液压缸的回油路上，可使缸的回油腔形成背压，用以消除负载突然减小或变为零时液压缸产生的前冲现象，提高运动部件运动的平稳性。因此这种用途的溢流阀也称背压阀。

④ 作卸荷阀用

溢流阀的作卸荷阀用情况如图4-4（d）所示，采用先导式溢流阀调压的定量泵液压系统，当阀的外控口与油箱连通，其主阀芯在进口压力很低时即可迅速抬起，使泵卸荷，以减少能量损耗。当电磁铁通电时，溢流阀外控口通油箱，因而能使泵卸荷。因此这种用途的溢流阀也称卸荷阀。

2. 顺序阀的结构和工作原理

顺序阀是利用系统压力变化来控制油路的通断，以实现各执行元件按先后顺序动作的压力阀。按控制压力的不同，顺序阀可分为内控式和外控式两种，前者用阀进口处的油压力控制阀芯

（a）调压溢流　　（b）安全保护　　（c）形成背压　　（d）液压泵卸荷

图 4-4　溢流阀的应用

的启闭，后者用外来的控制压力油控制阀芯的启闭，这种顺序阀也称为液控顺序阀。按结构的不同，顺序阀又可分为直动式和先导式两种，前者一般用于低压系统，后者用于中高压系统。

直动式顺序阀的结构、工作原理和图形符号图如图 4-5 所示，这种阀由螺堵 1、下阀盖 2、控制活塞 3、阀体 4、阀芯 5、弹簧 6、上阀盖 7 等零件组成。当进油口油压低于弹簧 6 的调定压力时，作用在控制活塞 3 下端的油压小于弹簧 6 的张力，阀芯 5 在弹簧作用下处于下端位置，阀口关闭，进油口和出油口不相通，油液不能通过顺序阀流出；当进油口油压大于弹簧 6 的调定压力时，作用在控制活塞 3 下端的油压大于弹簧 6 的张力，阀芯 5 向上移动，阀口打开，进油口和出油口相通，油液便通过顺序阀流出，从而操纵另一执行元件或其他元件动作。这种顺序阀利用其进油口压力控制，称为普通顺序阀（也称内控式顺序阀），其图形符号如图 4-5（b）所示。由于阀的出油口接压力油路，因此其上端弹簧处的泄油口必须另接一油管通油箱，这种普通顺序阀又称为内控外泄式顺序阀。

（a）结构、工作原理图

（b）普通顺序阀图形符号图

（c）液控顺序阀图形符号图

（d）卸荷阀图形符号图

1—螺堵；2—下阀盖；3—控制活塞；4—阀体；5—阀芯；6—弹簧；7—上阀盖

图 4-5　直动式顺序阀的结构、工作原理和图形符号图

若将图 4-5（a）中下阀盖 2 相对于阀体转 90°或 180°，并将螺堵 1 取下，在该处接控制油管并通控制油，则阀的启闭便由外部压力油控制，便可构成液控顺序阀，其图形符号如图 4-5（c）

所示。

若再将上阀盖 7 转 180°安装，使泄油口处的小孔 a 与阀体上的小孔 b 连通，将泄油口用螺堵封住，并使顺序阀的出油口与回油箱连通，这时顺序阀成为卸荷阀。其泄漏油可由阀的出油口流回油箱，这种连接方式称为内泄，其图形符号如图 4-5（d）所示。

3. 减压阀的结构和工作原理

减压阀是一种使出口压力低于进口压力的压力阀。其作用是用来减低液压系统中某一回路的油液压力，使用一个油源能提供两个或几个不同压力的输出。减压阀也有直动式和先导式两种。直动式减压阀很少单独使用，而先导式减压阀则应用较多。

先导式减压阀的结构、工作原理和图形符号图如图 4-6 所示，这种阀由先导阀和主阀组成，先导阀由手轮 1、弹簧 3、先导阀阀芯 4 和阀座 5 等组成。主阀由主阀阀芯 6、主阀阀体 7、弹簧等组成。

（a）结构、工作原理图　　　　（b）图形符号图

1—手轮；2—密封圈；3—先导阀弹簧；4—先导阀阀芯；5—先导阀阀座；6—主阀阀芯；7—主阀阀体；8—下阀盖
图 4-6　先导式减压阀的结构、工作原理和图形符号图

油液从主阀进油口 p_1 流入，经减压阀阀口 h 后由出油口 p_2 流出，与此同时油口 p_2 的压力油经阀体 7 和下阀盖 8 上的小孔 a、b 和主阀阀芯上阻尼孔 c 流入主阀阀芯上腔 d 及先导阀右腔 e。当出油口压力 p_2 低于先导阀弹簧的调定压力时，先导阀关，主阀阀芯上、下腔油压力相等，在主阀弹簧力作用下处于最下端位置，h 开度最大，不起减压作用。

当出油口压力 p_2 高于先导阀弹簧的调定压力时，先导阀开，主阀阀芯上升，h 开度减小，$\Delta p = p_1 - p_2$ 增大，由于出口压力为调定值 p_2，因此其进口压力 p_1 值会升高，起减压作用。这时如果由于负荷增大或进口压力向上波动使出口压力 p_2 增大，在 p_2 高于先导阀弹簧的调定压力情况下，主阀阀芯上升，h 开度迅速减小，$\Delta p = p_1 - p_2$ 进一步增大，出口压力 p_2 便自动下降，但仍恢复为原来的调定值，由此可见，减压阀能利用出油口压力的反馈作用，自动控制阀口开度，保证出口压力基本上为弹簧调定压力，因此这种减压阀也称为定值减压阀。

减压阀的阀口为常开式，泄油口必须由单独设置的油管通回油箱，且泄油管不能插入油箱液面以下，以防形成背压，使泄油不畅，影响减压阀的正常工作。当减压阀的外控口按一调定压力低于减压阀的调定压力的远程调压阀时，可实现二级减压。

4. 溢流阀、顺序阀和减压阀的区别

溢流阀、顺序阀和减压阀的区别如表 4-1 所示。

表 4-1　　　　　　　　　溢流阀、顺序阀和减压阀的区别

名称	溢流阀	顺序阀	减压阀
图形符号			
阀口状态	阀口常闭	阀口常闭	阀口常开
控制油来源	控制油来自进油口	控制油来自进油口	控制油来自出油口
出口特点	出口通油箱	出口通系统	出口通系统
基本用法	作调压阀、安全阀、卸荷阀用时，一般接在泵的出口处，与主油路并联。作背压阀用时，则串联在回路上，调定压力较低	串联在系统中，控制执行元件的顺序动作，多数与单向阀并联作为单向顺序阀用	串联在系统内，接在液压泵与分支油路之间
举例	作调压阀用时，油路常开，泵的压力取决于溢流阀的调整压力，多用于节流调速的定量系统中作安全阀用时，油路常闭，系统压力超过安全阀的调定值时，安全阀打开，多用于变量系统	可作顺序阀、平衡阀用，顺序阀的结构与溢流阀结构相似，经适当改装，两阀可互相代替。但顺序阀要求密封性较高，否则会产生误动作	起减压作用，使辅助油路获得比主油路低，且较稳定的压力油，阀口是常开的

5. 压力继电器的结构和工作原理

压力继电器是一种将油液压力信号转换为电信号的液电信号转换元件。其作用是当进油口的油压力达到弹簧的调定值时，能通过压力继电器内的微动开关自动接通或断开电气线路，实现执行元件的顺序控制或安全保护。

压力继电器按结构特点可分为柱塞式、弹簧管式和膜片式等。图 4-7 所示为单触点柱塞式压力继电器的结构、工作原理和图形符号图，这种继电器由柱塞 1、顶杆 2、调节螺钉 3 和电气微动开关 4 等组成，压力油作用在柱塞的下端，油压力直接与柱塞上端弹簧力相比较。

当油压力大于弹簧力时，柱塞向上移，压下微动开关触头，接通或断开电气线路。当油压力小于弹簧力时，微动开关触头复位。显然，柱塞上移将引起弹簧的压缩量增加，因此压下微动开关触头的压力（开启压力）与微动开关复位的压力（闭合压力）存在一个差值，此差值对压力继电器的正常工作是必要的，但不宜过大。

（a）结构、工作原理图　　　　　　　（b）图形符号

1—柱塞；2—顶杆；3—调节螺钉；4—微动开关

图 4-7　单触点柱塞式压力继电器的结构、工作原理和图形符号图

三、任务实施

1. 溢流阀的拆装

图 4-8 所示为先导式溢流阀外观和立体分解图，我们以这种阀为例说明溢流阀的拆装步骤和方法。

（a）外观图　　　　　　　　　　　　（b）立体分解图

1—螺钉；2、7—螺堵；3—阀盖；4、5、11、12、13—O 形密封圈；
6—定位销；8—锁紧螺母；9—螺套；10—调节杆

图 4-8　先导式溢流阀外观和立体分解图

（1）准备好内六角扳手一套、耐油橡胶板一块、油盘一个等器具。

（2）松开先导阀体与主阀体的连接螺钉1，取下先导阀体部分。

（3）从先导阀体部分松开锁紧螺母8及调整手轮。

（4）从先导阀体部分取下螺套9，调节杆10，O形密封圈11、12、13，先导阀调压弹簧及先导阀芯等。

（5）卸下螺堵2，取下先导阀阀座。

（6）从主阀体中取出O形密封圈4、主阀弹簧、主阀芯、主阀座。如果阀芯发卡，可用铜棒轻轻敲击出来，禁止猛力敲打以致损坏阀芯台肩。

（7）观察溢流阀主要零件的结构和作用。

① 观察先导阀阀体上开的远控口和安装先导阀阀芯用的中心圆孔。

② 观察先导阀阀芯与主阀芯的结构、主阀芯阻尼孔的大小，比较主阀芯与先导阀芯弹簧的刚度。

③ 观察先导阀调压弹簧和主阀簧，可知调压弹簧的刚度比主阀弹簧的大。

（8）按拆卸的相反顺序装配，即后拆的零件先装配，先拆的零件后装配。装配时应注意以下几点。

① 装配前应认真清洗各零件，并将配合零件表面涂润滑油。

② 检查各零件的油孔、油路是否畅通、是否有尘屑，若有，重新清洗。

③ 将调压弹簧在先导阀阀芯的圆柱面上，然后一起推入先导阀阀体内。

④ 主阀芯装入主阀体后，应运动自如。

⑤ 先导阀阀体与主阀阀体的止口、平面完全贴合后，才能用螺钉连接，螺钉要分两次拧紧，并按对角线顺序进行。

⑥ 装配中注意主阀芯的3个圆柱面与先导阀阀体、主阀阀体与主阀阀座孔配合的同心度。

（9）将阀外表面擦拭干净，整理工作台。

2. 顺序阀的拆装

图4-9所示为直动式顺序阀外观和立体分解图，我们以这种阀为例说明顺序阀的拆装步骤和方法。

（1）准备好内六角扳手一套、耐油橡胶板一块、油盘一个等器具。

（2）松开螺钉1、23，将上盖5、阀体16、下盖22分离。

（3）松开锁紧螺母3、调压螺钉2和螺塞4。

（4）依次取下密封圈7、8，弹簧座9，阀芯11，定位销12。

（5）依次取下密封圈18，控制柱塞19，密封圈20、18。

（6）观察直动式顺序阀主要零件的结构和作用。

（7）按拆卸的相反顺序装配，即后拆的零件先装配，先拆的零件后装配。装配时应注意以下几点。

① 装配前应认真清洗各零件，并将配合零件表面涂润滑油。

② 检查各零件的油孔、油路是否畅通、是否有尘屑，若有重新清洗。

③ 阀芯和控制活塞装入阀体后，应运动自如。

④ 上盖、阀体、下盖的止口、平面完全贴合后，才能用螺钉连接，螺钉要分两次拧紧，并按对角线顺序进行。

（8）将阀外表面擦拭干净，整理工作台。

3. 减压阀的拆装

图4-10所示为先导式减压阀外观和立体分解图，我们以这种阀为例说明减压阀的拆装步骤

（a）外观图　　　　　（b）立体分解图

1、23—螺钉；2—调压螺钉；3—锁紧螺母；4、21—螺塞；5—上盖；6、7、8、14、15、18、20—O 形密封圈

9—弹簧座；10—弹簧；11—阀芯；12、13—定位销；16—阀体；17—阻尼孔；19—控制柱塞；22—下盖

图 4-9　直动式顺序阀外观和立体分解图

和方法。

（1）准备好内六角扳手一套、耐油橡胶板一块、油盘一个等器具。

（2）松开先导阀阀盖 1 与主阀阀体 9 的连接螺钉 12，取下先导阀部分。

（3）卸下螺母 24、调节手柄 25，取下螺套 23，垫 22，调节杆 21，O 形密封圈 20、19，先导阀调压弹簧 18、17 及先导阀阀芯 16 等。

（4）卸下螺堵 13，取下先导阀阀座 14。

（5）卸下螺钉 12，将下盖 11 和主阀阀体 9 分开。

（6）从主阀阀体 9 中取出 O 形密封圈 3、主阀弹簧 4、主阀芯 5。如果阀芯发卡，可用铜棒轻轻敲击出来，禁止猛力敲打以致损坏阀芯台肩。

（7）观察溢流阀主要零件的结构和作用。

① 观察先导阀阀体上开的远控口和安装先导阀阀芯用的中心圆孔。

② 观察先导阀阀芯与主阀芯的结构、主阀芯阻尼孔的大小，比较主阀芯与先导阀芯弹簧的刚度。

③ 观察先导阀调压弹簧和主阀弹簧，可知调压弹簧的刚度比主阀弹簧的大。

（8）按拆卸的相反顺序装配，即后拆的零件先装配，先拆的零件后装配。装配时应注意以下几点。

① 装配前应认真清洗各零件，并将配合零件表面涂润滑油。

② 检查各零件的油孔、油路是否畅通、是否有尘屑，若有，重新清洗。

③ 将调压弹簧在先导阀阀芯的圆柱面上，然后一起推入先导阀阀体内。

④ 主阀芯装入主阀体后，应运动自如。

⑤ 先导阀阀体与主阀阀体的止口、平面应完全贴合后，才能用螺钉连接，螺钉要分两次拧

紧，并按对角线顺序进行。

⑥ 装配中注意主阀芯的3个圆柱面与先导阀阀体、主阀阀体与主阀阀座孔配合的同心度。

（9）将阀外表面擦拭干净，整理工作台。

（a）外观图　　　　　　　　　　（b）立体分解图

1—先导阀阀盖；2、3、6、7、10、19、20— O 形密封圈；4—弹簧；5—主阀芯；8—定位销；
9—主阀阀体；11—下盖；12、15—螺钉；13—螺堵；14—先导阀阀座；16—先导阀阀芯；17、18—调压弹簧；
21—调节杆；22—垫；23—螺套；24—螺母；25—调节手柄

图 4-10　先导式减压阀外观和立体分解图

四、知识拓展

1. 溢流阀的常见故障诊断与维修方法

溢流阀的常见故障诊断与维修方法如表4-2所示。

表 4-2　　　　　　　　　　　　溢流阀的常见故障诊断与维修方法

序号	故障现象	故障原因	维修方法
1	调压时，压力升得很慢，甚至一点也调不上去	（1）主阀阀芯上有毛刺，或阀芯上与阀体孔配合间隙内卡有污物 （2）主阀阀芯与阀座接触处纵向拉伤有划痕，接触线处磨损有凹坑 （3）先导阀锥阀与阀座接触处纵向拉伤有划痕，接触线处磨损有凹坑 （4）先导阀锥阀与阀座接触处粘有污物	（1）修磨阀芯 （2）清洗与换油，修磨阀芯 （3）清洗与换油，修磨阀芯 （4）清洗与换油

续表

序号	故障现象	故障原因	维修方法
2	调压时,压力虽然可上升,但升不到公称压力	(1) 液压泵故障 (2) 油温过高,内部泄漏量大 (3) 调压弹簧折断或错装 (4) 主阀阀芯与主阀阀体孔的配合过松,拉伤出现沟槽,或使用后磨损 (5) 主阀阀芯卡死 (6) 污物颗粒部分堵塞主阀阀芯阻尼孔、旁通孔和先导阀阀座阻尼孔 (7) 先导针阀与阀座之间能磨合但不能很好地密合	(1) 检修或更换液压泵 (2) 加强冷却,消除泄漏 (3) 更换调压弹簧 (4) 更换主阀阀芯 (5) 去毛刺,清洗 (6) 用 ϕ1mm 钢丝穿通阻尼孔 (7) 研磨先导针阀与阀座配合
3	压力波动大	(1) 系统中进了空气 (2) 液压油不清洁,阻尼孔不通畅 (3) 弹簧弯曲或弹簧刚度太低 (4) 锥阀与锥阀座接触不良或磨损 (5) 主阀阀芯表面拉伤或弯曲	(1) 排净系统中的空气 (2) 更换液压油,穿通并清洗阻尼孔 (3) 更换弹簧 (4) 更换锥阀 (5) 修磨或更换阀芯
4	调压时,压力调不下来	(1) 错装成刚性太大的调压弹簧 (2) 调节杆外径太大或因毛刺污物卡住阀盖孔,不能随松开的调压手柄而后退,所调压力下不来或调压失效 (3) 先导阀阀座阻尼孔被封死,压力调不下来,调压失效 (4) 因调节杆密封沟槽太浅,O形圈外径又太粗,卡住调节杆不能随松开的调压螺钉移动	(1) 更换弹簧 (2) 检查调节杆外径尺寸 (3) 用 ϕ1mm 钢丝穿通阻尼孔 (4) 更换合适的 O 形圈
5	振动与噪声大,伴有冲击	(1) 系统中进了空气 (2) 进、出油口接反 (3) 调压弹簧折断 (4) 先导阀阀座阻尼孔被封死 (5) 滑阀上阻尼孔堵塞 (6) 主阀弹簧太软、变形	(1) 排净系统中的空气 (2) 纠正进、出油口位置 (3) 更换调压弹簧 (4) 用 ϕ1mm 钢丝穿通阻尼孔 (5) 畅通滑阀上阻尼孔 (6) 更换主阀弹簧

2. 顺序阀的常见故障诊断与维修方法

顺序阀的常见故障诊断与维修方法如表4-3所示。

表 4-3   顺序阀的常见故障诊断与维修方法

序号	故障现象	故障原因	维修方法
1	出油口总有油流出，不能使执行元件实现顺序动作	(1) 上下阀盖装错，外控与内控混淆 (2) 单向顺序阀的单向阀卡死在打开位置 (3) 主阀阀芯与主阀阀体孔的配合过紧，主阀阀芯卡死在打开位置，顺序阀变为直通阀 (4) 外控顺序阀的控制油道被污物堵塞，或控制活塞被污物、毛刺卡死 (5) 主阀阀芯被污物、毛刺卡死在打开位置，顺序阀变为直通阀	(1) 纠正上下阀盖安装方向 (2) 清洗单向阀阀芯 (3) 研磨主阀阀芯与主阀阀体孔，使阀芯运动灵活 (4) 清洗疏通控制油道，清洗控制活塞 (5) 拆开主阀清洗并去毛刺，使阀芯运动灵活
2	出油口无油流出，不能使执行元件实现顺序动作	(1) 液压系统压力没有建立起来 (2) 上下阀盖装错，外控与内控混淆 (3) 主阀阀芯被污物、毛刺卡死在关闭位置，顺序阀变为直通阀 (4) 主阀阀芯与主阀阀体孔的配合过紧，主阀阀芯卡死在关闭位置，顺序阀变为直通阀 (5) 液控顺序阀控制压力太小	(1) 检修液压系统 (2) 纠正上下阀盖安装方向 (3) 拆开主阀，清洗并去毛刺，使阀芯运动灵活 (4) 研磨主阀阀芯与主阀阀体孔，使阀芯运动灵活 (5) 调整控制压力至合理值
3	调定压力值不稳定，不能使执行元件实现顺序动作，或出现顺序动作或动作错乱现象	(1) 污物颗粒部分堵塞主阀阀芯阻尼孔 (2) 控制活塞外径与阀盖孔配合太松，导致控制油的泄漏油作用到主阀阀芯上，出现顺序阀调定压力值不稳定，不能使执行元件顺序动作或动作错乱现象	(1) 用 ϕ1mm 钢丝穿通阻尼孔，并清洗阻尼孔 (2) 更换控制活塞

3. 减压阀的常见故障诊断与维修方法

液压阀的常见故障诊断与维修方法如表 4-4 所示。

4. 压力继电器的常见故障诊断与维修方法

压力继电器的常见故障诊断与维修方法如表 4-5 所示。

表 4-4   减压阀的常见故障诊断与维修方法

序号	故障现象	故障原因	维修方法
1	减压阀出口压力几乎等于进口压力，不起减压作用	（1）主阀阀芯阻尼孔、先导阀阀座阻尼孔被污物颗粒部分堵塞，失去自动调节能力 （2）主阀阀芯上或阀体孔沉割槽棱边有毛刺、污物卡住，或因主阀阀芯与主阀阀体孔的配合过紧，或主阀阀芯、阀孔形状公差超标，产生液压卡紧，将主阀卡死在最大开度位置 （3）管式或法兰式减压阀很容易将阀盖装错方向，使阀盖与阀体之间的外泄口堵死，无法排油，造成困油，使主阀顶在最大开度而不减压 （4）板式减压阀泄油通道堵住，未通回油箱 （5）管式减压阀泄油通道出厂时是堵住的，使用时泄油孔的油塞未拧出	（1）用 ϕ1mm 钢丝或用压缩空气通阻尼孔，并清洗阻尼孔 （2）去毛刺、清洗、修复阀孔和阀芯，保证阀孔和阀芯之间合理的间隙，配前可适当研磨阀孔，再配阀芯 （3）应按正确方向安装阀盖 （4）疏通泄油通道 （5）使用时将泄油孔的油塞拧出
2	出口压力不稳定，有时还有噪声	（1）系统中进空气 （2）弹簧变形 （3）减压阀在超过额定流量下使用时，往往会出现主阀振荡现象，使减压阀出口压力不稳定，此时出油口压力出现"升压—降压—再升压—再降压"的循环	（1）排净系统空气 （2）更换弹簧 （3）更换型号合适的减压阀
3	出口压力很低，即使拧紧调压手轮，压力也升不起来	（1）减压阀进、出油口接反了 （2）进油口压力太低 （3）先导阀阀芯与阀座配合之间因污物滞留、有严重划伤、阀座配合孔失圆、有缺口，造成先导阀阀芯与阀座之间不密合 （4）漏装了先导阀阀芯 （5）先导阀弹簧装成软弹簧 （6）主阀阀芯阻尼孔被污物颗粒堵塞	（1）纠正接管错误 （2）查明原因排除 （3）研磨先导阀阀芯与阀座配合面，使先导阀阀芯与阀座之间密合 （4）补装先导阀阀芯 （5）更换合适的弹簧 （6）用 ϕ1mm 钢丝或用压缩空气通阻尼孔，并清洗阻尼孔
4	调压失灵	（1）调节杆上 O 形圈外径过大 （2）调节杆上装 O 形圈的沟槽过浅	（1）更换合适的 O 形圈 （2）更换合适的调节杆
5	外漏	（1）调节杆上 O 形圈外径过小 （2）调节杆上装 O 形圈的沟槽过深	（1）更换合适的 O 形圈 （2）更换合适的调节杆

表 4-5   压力继电器的常见故障诊断与维修方法

序号	故障现象	故障原因	维修方法
1	动作不灵敏	(1) 弹簧永久变形 (2) 滑阀在阀孔中移动不灵活 (3) 薄膜片在阀孔中移动不灵活 (4) 钢球不正圆 (5) 行程开关不发信号	(1) 更换弹簧 (2) 清洗或研磨滑阀 (3) 更换薄膜片 (4) 更换钢球 (5) 检修或更换行程开关
2	不发信号与误发信号	(1) 压力继电器安装位置错误，如回油路节流调速回路中压力继电器只能装在回油路上 (2) 返回区间调节太小 (3) 系统压力未上升或下降到压力继电器的设定压力 (4) 压力继电器的泄油管路不畅通 (5) 微动开关不灵敏，复位性能差 (6) 微动开关定位不装牢或未压紧 (7) 微动开关的触头与杠杆之间的空行程过大或过小时，易发误动作信号 (8) 薄膜式压力继电器的橡胶隔膜破裂 (9) 柱塞卡死	(1) 回油路节流调速回路中，压力继电器只能装在进油路上 (2) 正确调节返回区间 (3) 检查系统压力不上升或下降的原因，予以排除 (4) 疏通压力继电器的泄油管路 (5) 更换橡胶隔膜 (6) 装牢微动开关定位 (7) 正确调整微动开关的触头与杠杆之间的空行程 (8) 更换橡胶隔膜 (9) 使柱塞运动灵活

任务二　方向阀拆装

一、任务分析

方向阀的作用是利用阀芯对阀体的相对运动，控制液压油路接通、关断或变换油流方向，从而实现液压执行元件及其驱动机构启动、停止或变换运动方向。方向阀分为单向阀和换向阀两类。

本任务的要求是按规范拆装单向阀和换向阀，弄清单向阀和换向阀的结构和工作原理，学会单向阀和换向阀的拆装方法。

二、相关知识——方向阀的结构和工作原理

1. 单向阀的结构和工作原理

单向阀可分普通单向阀和液控单向阀两种。

(1) 普通单向阀的结构和工作原理

普通单向阀的作用是使油液只能沿一个方向流动，不许它反向倒流，故又称为止回阀、逆止阀。它相当于电器元件中的二极管。

普通单向阀的结构、工作原理和图形符号图如图 4-11 所示，这种阀由阀体 1、阀芯 2、弹簧 3

等零件组成。当压力油从阀体左端的通口 p_1 流入时，油液在阀芯的左端上产生的压力克服弹簧 3 作用在阀芯 2 上的力，使阀芯 2 向右移动，打开阀口，并通过阀芯 2 上的径向孔 a、轴向孔 b，从阀体右端的通口 p_2 流出。当压力油从阀体右端的通口 p_2 流入时，液压力和弹簧力一起使阀芯锥面压紧在阀座上，使阀口关闭，油液无法通过。

（a）结构、工作原理图　　　　　　　　（b）图形符号图

1—阀体；2—阀芯；3—弹簧

图 4-11　普通单向阀结构、工作原理和图形符号图

为了保证单向阀工作灵敏可靠，单向阀中的弹簧刚度一般都较小。单向阀开启压力一般为 0.035MPa~0.05MPa，所以单向阀中的弹簧 3 很软。如果将单向阀中的软弹簧更换成较大刚度的硬弹簧，可将其置于液压系统的回油路中作背压阀使用，能产生 0.2MPa~0.6MPa 的背压力。

单向阀常被安装在液压泵的出口，一方面防止系统的压力冲击影响泵的正常工作；另一方面在液压泵不工作时防止系统的油液倒流经泵回油箱。单向阀还被用来分隔油路以防止干扰，并与其他阀并联组成复合阀，如单向顺序阀、单向节流阀等。

（2）液控单向阀的结构和工作原理

液控单向阀的结构、工作原理和图形符号图如图 4-12 所示，这种阀由控制活塞 1、顶杆 2、阀芯 3 和弹簧等组成。当控制口 K 处无控制压力油通入时，它的工作原理和普通单向阀一样，压力油只能从通口 p_1 流向通口 p_2，不能反向倒流。当控制口 K 有控制压力油通入时，因控制活塞 1 右侧 a 腔通泄油口（图中未画出），活塞 1 向右移动，推动顶杆 2 克服弹簧的张力，顶开阀芯 3，使通口 p_1 和 p_2 接通，油液就可在两个方向自由流通。

（a）结构、工作原理图　　　　　　　　（b）图形符号图

1—控制活塞；2—顶杆；3—阀芯

图 4-12　液控单向阀结构、工作原理和图形符号图

液控单向阀具有良好的单向密封性，常用于执行元件需要长时间保压、锁紧的回路中。

2. 换向阀的结构和工作原理

换向阀的作用是利用阀芯相对于阀体的相对运动，改变阀体上各阀口的连通或断开状态，

使油路接通、关断，或变换油流的方向，从而使液压执行元件启动、停止或变换运动方向。

（1）换向阀的分类

根据换向阀阀芯的运动形式、结构特点和控制方式等的不同，换向阀的类型如表4-6所示。

表4-6　　　　　　　　　　　　　换向阀的类型

分类方式	类　型
按阀的操纵方式分	手动、机动、电磁动、液动、电液动换向阀
按阀芯位置数和通道数分	二位三通、二位四通、三位四通、三位五通换向阀
按阀芯的运动方式分	滑阀、转阀和锥阀
按阀的安装方式分	管式、板式、法兰式、叠加式、插装式

换向阀的控制方式如图4-13所示。

几种不同"通"和"位"的滑阀式换向阀主体部分的结构形式和图形符号如表4-7所示。

表4-7中图形符号的含义如下。

① 用方框表示阀的工作位置，有几个方框就表示几"位"。

(a)手动　　　(b)机动　　　(c)电磁动　(d)弹簧复位　(e)液动　　(f)液压先导控制(g)电磁—液压先导控制

图4-13　换向阀的控制方式图

表4-7　　　　　　　　　　　　换向阀主体部分的结构形式和图形符号

名称	结构原理图	图形符号	使用场合
二位二通		A P	控制油路的接通与切断
二位三通	A B A P B	控制油液流动方向
二位四通	B P A T	A B P T	控制执行元件换向，且执行元件正反向运动时回油方式相同	不能使执行元件在任意位置处于停止运动状态
三位四通	A P B T	A　B P T		能使执行元件在任意位置处于停止运动状态

② 一个方框上与外部相连接的主油口数有几个，就表示几"通"。

③ 方框内的符号"⊥"或"⊤"表示此通路被阀芯封闭，即不通。

④ 用方框内的"↑"或"↓"表示该位置上油路处于接通状态，但箭头方向不一定表示液流的实际流向。

⑤ 通常换向阀与系统供油路连接的油口用 P 表示，与回油路连接的回油口用 T 表示，而与执行元件相连接的工作油口用大写字母 A、B 等表示。

⑥ 换向阀都有两个或两个以上的工作位置，其中一个为常态位，即阀芯未受到操纵力作用时所处的位置。图形符号中的中位是三位阀的常态位，利用弹簧复位的二位阀则以靠近弹簧的方框内的通路状态为其常态位。绘制液压系统图时，油路一般应连接在换向阀的常态位上。

（2）手动换向阀的结构和工作原理

手动换向阀是通过手动杠杆改变阀芯位置实现换位的换向阀，它主要有弹簧复位和钢珠定位两种形式。

三位四通手动换向阀结构、工作原理和图形符号图如图 4-14 所示，图 4-14（a）所示为弹簧钢球定位式三位四通手动换向阀，用手操纵手柄推动阀芯相对阀体移动后，可以通过钢球使阀芯稳定在 3 个不同的工作位置上。这种换向阀适用于机床、液压机、船舶等需保持工作状态时间较长的液压系统中。

（a）弹簧钢球定位式结构图　　　　（b）弹簧自动复位式结构图

（c）弹簧钢球定位式图形符号　　　　（d）弹簧自动复位式图形符号

1—手柄；2—阀芯；3—阀体

图 4-14　三位四通手动换向阀结构、工作原理和图形符号图

图 4-14（b）所示为弹簧自动复位式三位四通手动换向阀，通过手柄推动阀芯后，要想维持在极端位置，必须用手扳住手柄不放，一旦松开了手柄，阀芯会在弹簧力的作用下，自动弹回中位。此阀常用于动作频繁、工作持续时间较短的工程机械液压系统中。

在图 4-14（b）中数字 1 所示位置，手柄处于中位，阀芯也处于中位，P、T、A、B 口互不相通；手柄处于左位时，阀芯向右移动，P 与 A 相通，B 与 T 相通；手柄处于右位时，阀芯向左

移动，P 与 B 相通，A 与 T 相通。

（3）机动换向阀的结构和工作原理

机动换向阀又称行程阀。它主要用来控制机械运动的行程，这种阀利用安装在运动部件上的挡块或凸块，推压阀芯端部滚轮使阀芯移动，从而使油路换向。

二位二通机动换向阀的结构、工作原理和图形符号图如图 4-15 所示，这种阀由滚轮 2、阀芯 3、弹簧 4 等组成。在图示位置，阀芯 3 在弹簧 4 作用下处于左位，P 与 A 不连通；当运动部件上挡块 1 压住滚轮使阀芯移至右位时，油口 P 与 A 连通。当行程挡块脱开滚轮时，阀芯在其底部弹簧的作用下又恢复初始位置。通过改变挡块斜面的角度 α，可改变阀芯移动速度，调节油液换向过程的快慢。

机动换向阀的优点是结构简单，换向时阀口逐渐关闭或打开，故换向平稳、可靠、位置精度高，常用于控制运动部件的行程、或快、慢速度的转换。其缺点是它必须安装在运动部件附近，一般油管较长。

（a）结构、工作原理图　　　　　　　　（b）图形符号图

1—挡铁；2—滚轮；3—阀芯；4—弹簧

图 4-15　二位二通机动换向阀结构、工作原理和图形符号图

（4）电磁换向阀的结构和工作原理

电磁换向阀简称电磁阀，它是利用电磁铁的通电吸合或断电释放而直接推动阀芯移动来变换液流方向的。它操纵方便、布局灵活，有利于提高自动化程度，因此应用最广泛。当然必须指出，由于电磁铁的吸力有限（<120N），因此电磁换向阀只适用于流量不太大的场合。

电磁铁按衔铁工作腔是否有油液可分为"干式"和"湿式"。干式电磁铁的线圈、铁芯与扼铁处于空气中，不和油接触，因此在电磁铁和滑阀之间设有密封装置。由于回油有可能渗入对中弹簧腔中，所以阀的回油压力不能太高。此类电磁铁附有手动推杆，一旦电磁铁发生故障时可使阀芯手动换位。这种电磁铁是简单液压系统常用的一种形式。而湿式电磁铁的衔铁和推杆均浸在油液中，运动阻力小，且油还能起到冷却和吸振作用，从而提高了换向的可靠性和使用寿命。

电磁铁按使用电源的不同，可分为交流和直流两种。电磁换向阀用交流电磁铁的使用电压一般为交流 220V，电气线路配置简单。交流电磁铁启动力较大，换向时间短（0.01s～0.03s），但换向冲击大，工作时温升高；当阀芯卡住时，电磁铁因电流过大易烧坏，可靠性较差，所以切换频率不许超过 30 次/分钟；寿命较短。直流电磁铁一般使用 24V 直流电压，因此需要专用直流电源。其优点是不会因铁芯卡住而烧坏，体积小，工作可靠，允许切换频率为 120 次/分钟，换向冲击小，使用寿命较长，但启动力比交流电磁铁小，成本较高。此外，还有一整型电磁铁，电磁铁本身带有整流器，通入交流电经整流后再供给直流电磁铁，具有直流电磁铁的结构和特性，使用非常方便。

图 4-16 所示为二位三通干式交流电磁换向阀的结构、工作原理和图形符号图，这种阀由换

向滑阀和电磁铁组成，换向滑阀由滑阀阀体、阀芯、弹簧、推杆等组成。电磁铁是一干式交流电磁铁。当电磁铁不通电时（图示位置），P与A相通；当电磁铁通电时，衔铁向右移动，通过推杆1使阀芯2推压弹簧3一起向右移动至端部，使P与B相通，而P与A断开。

图4-17所示为三位四通湿式直流电磁换向阀的结构、工作原理和图形符号图，这种阀的两端各有一湿式直流电磁铁和一对中弹簧，当两边电磁铁都不通电时，阀芯3在两边对中弹簧4的作用下处于中位，P、T、A、B口互不相通；当右边电磁铁通电时，衔铁向左移动，右边的推杆将阀芯3推向左端，P与A相通，B与T相通，当左边电磁铁通电时，衔铁向右移动，P与B相通，A与T相通。

（a）结构、工作原理图　　　　　　　　　（b）图形符号图

1—推杆；2—阀芯；3—弹簧

图4-16　二位三通干式交流电磁换向阀结构、工作原理和图形符号图

（a）结构、工作原理图　　　　　　　　　（b）图形符号图

1—电磁铁；2—推杆；3—阀芯；4—弹簧；5—挡圈

图4-17　三位四通湿式直流电磁换向阀结构、工作原理和图形符号图

（5）液动换向阀的结构和工作原理

液动换向阀是利用控制油路的压力油推动阀芯来改变位置的，它被广泛用于阀的通径大于10mm的大流量控制回路中。

图4-18所示为三位四通液动换向阀的结构、工作原理和图形符号图，这种阀的阀芯是由其两端密封腔中油液的压力差来移动的，当K_1、K_2都通回油箱时（图示位置），阀芯在两端弹簧和定位套作用下回到中间位置，P、A、B、T均不相通；当控制油路的压力油从阀左边的控制油口K_1进入滑阀左腔，滑阀右腔K_2接通回油时，阀芯向右移动，使得P与A相通，B与T相通；当K_2接通压力油，K_1接通回油时，阀芯向左移动，使压力油口P与B相通，A与T相通。

（6）电液换向阀的结构和工作原理

电液换向阀是由电磁换向阀与液动换向阀组成的复合阀。电磁换向阀作先导阀用，它用来改变控制油路的方向；液动换向阀作主阀用，它用来改变主油路的方向。这种阀的优点是用反应

（a）结构、工作原理图　　　　　　　　（b）图形符号图

图 4-18　三位四通液动换向阀结构、工作原理和图形符号图

灵敏的小规格电磁阀方便地控制大流量的液动阀换向，既解决了大流量的换向问题，又保留了电磁阀可用电气来操纵实现远程控制的优点。

图 4-19 所示为三位四通电液换向阀的结构、工作原理和图形符号图，当电磁换向阀的两端电磁铁均不通电时（图示位置），电磁换向阀阀芯 4 在两端中弹簧作用下处于中位，此时来自液动换向阀 P 口或外接油口的控制压力油均不进入主阀芯的左、右端的油腔，液动换向阀阀芯 8 左右两腔的油液通过先导电磁换向阀中间位置的 A′、B′两油口与先导电磁阀 T′口相通，再从液动

（a）结构、工作原理图

（b）图形符号图　　　　　　　　　　　（c）简化图形符号图

1、7—单向阀；2、6—节流阀；3、5—电磁铁；4—电磁换向阀阀芯；8—液动换向阀的阀芯

图 4-19　三位四通电液换向阀结构、工作原理和图形符号图

换向阀的 T 口或外接油口流回油箱。液动换向阀阀芯在两端对中弹簧的预压力的推动下，依靠阀体定位，准确地回到中位，此时主阀的 P、A、B 和 T 油口均不通；当先导电磁换向阀左边的电磁铁 3 通电后，使电磁换向阀阀芯 4 向右边位置移动，来自液动换向阀 P 口压力油可经先导电磁换向阀的 A′口和左单向阀进入液动换向阀左端油腔，与此同时，液动换向阀阀芯右端油腔中的控制油液可通过右边的节流阀经先导电磁换向阀的 B′口和 T′口，再从液动换向阀的 T 口或外接油口流回油箱，液动换向阀的阀芯 8 向右移动，液动换向阀 P 与 A、B 和 T 的油路相通；反之，先导电磁换向阀右边的电磁铁 5 通电，可使 P 与 B、A 与 T 的油路相通。

（7）三位四通换向阀的中位机能

三位四通换向阀的中位机能是指阀处于中位时各油口的连通方式，常见三位四通换向阀的中位机能如表 4-8 所示。

表 4-8　　　　　　　　　　　　常见三位四通换向阀的中位机能

形式	结构简图	图形符号	中位油口状况、特点及应用
O 形	T(T₁) A P B T (T₂)	A B P T	P、A、B、T 四口全封闭，执行元件闭锁，可用于多个换向阀并联工作
H 形	T(T₁) A P B T (T₂)	A B P T	P、A、B、T 口全通；执行元件两腔与回油箱连通，在外力作用下可移动，泵卸荷
M 形	T(T₁) A P B T (T₂)	A B P T	P、T 口相通，A 与 B 口均封闭；执行元件两油口都封闭，泵卸荷，也可用多个 M 形换向阀并联工作
P 形	T(T₁) A P B T (T₂)	A B P T	P、A、B 口相通，T 封闭；泵与执行元件两腔相通，可组成差动回路
X 形	T(T₁) A P B T (T₂)	A B P T	四油口处于半开启状态，泵基本上卸荷，但仍保持一定压力
Y 形	T(T₁) A P B T (T₂)	A B P T	P 封闭，A、B、T 口相通；执行元件两腔与回油箱连通，在外力作用下可移动，泵不卸荷

三、任务实施

1. 单向阀的拆装

图 4-20 所示为管式普通单向阀的外观和立体分解图，我们以这种阀为例说明单向阀的拆装步骤和方法。

（1）准备好内六角扳手一套、耐油橡胶板一块、油盘一个等其他器具。

（2）用卡环钳卸下卡环 5。

（3）依次取下垫 4、弹簧 3、阀芯 2。

（4）观察单向阀主要零件的结构和作用。

（a）外观图　　　　　　　　　　（b）立体分解图

1—阀体；2—阀芯；3—弹簧；4—垫；5—卡环

图 4-20　管式普通单向阀的外观和立体分解图

① 观察阀体结构和作用。

② 观察阀芯的结构和作用。

（5）按拆卸的相反顺序装配，即后拆的零件先装配，先拆的零件后装配。装配时应注意：

① 装配前应认真清洗各零件，并将配合零件表面涂润滑油。

② 检查各零件的油孔、油路是否畅通、是否有尘屑，若有重新清洗。

（6）将阀外表面擦拭干净，整理工作台。

2. 换向阀的拆装

图 4-21 所示为三位四通电磁换向阀的立体分解图，我们以这种阀为例说明换向阀的拆装步骤和方法。

（1）准备好内六角扳手一套、耐油橡胶板一块、油盘一个等器具。

（2）将换向阀两端的电磁铁拆下。

（3）轻轻取出弹簧、挡块及阀芯等。如果阀芯发卡，可用铜棒轻轻敲击出来，禁止猛力敲打以致损坏阀芯台肩。

（4）观察换向阀主要零件的结构和作用。

① 观察阀芯与阀体内腔的构造，并记录各自台肩与沉割槽数量。

② 观察阀芯的结构和作用。

③ 观察电磁铁结构。

④ 如果是三位换向阀，判断中位机能的形式。

（5）按拆卸的相反顺序装配换向阀，即后拆的零件先装配，先拆的零件后装配。装配时，如有零件弄脏，应该用煤油清洗干净后方可装配。装配阀芯时，可在其台肩上涂抹液压油，以防止阀芯卡住。装配时严禁遗漏零件。

图4-21　三位四通电磁换向阀的立体分解图

（6）将换向阀外表面擦拭干净，整理工作台。

四、知识拓展

1. 单向阀的常见故障诊断与维修方法

单向阀的常见故障诊断与维修方法如表4-9所示。

表4-9　　　　　　　　　　　单向阀的常见故障诊断与维修方法

序号	故障现象	故障原因	维修方法
1	单向阀失灵	（1）阀体或阀芯变形、阀芯有毛刺、油液污染引起的单向阀卡死 （2）弹簧折断、漏装或弹簧刚度太大 （3）锥阀与阀座同轴度超差或密封表面有生锈麻点，从而形成接触不良和严重磨损等 （4）锥阀（或钢球）与阀座完全失去作用	（1）清洗、检修或更换阀体或阀芯，更换液压油 （2）更换或补装弹簧 （3）清洗、研磨阀芯和阀座 （4）研磨阀芯和阀座
2	液控单向阀反向时打不开	（1）控制压力过低 （2）泄油口堵塞或有背压 （3）控制活塞因毛刺或污物卡住 （4）液压单向阀选得不合适	（1）按规定调整压力 （2）检查外泄管路和控制油路 （3）清洗去毛刺 （4）选择合适的液压单向阀

续表

序号	故障现象	故障原因	维修方法
3	泄漏	(1) 油中有杂质，阀芯不能关死 (2) 螺纹连接的结合部分没有拧紧或密封不严而引起外泄漏 (3) 阀座锥面密封不严 (4) 锥阀的锥面（或钢球）不圆或磨损 (5) 加工、装配不良，阀芯或阀座拉毛甚至损坏	(1) 清洗阀，更换液压油 (2) 拧紧，加强密封 (3) 检查、研磨锥面 (4) 检查、研磨或更换阀芯 (5) 检修或更换
4	噪声	(1) 单向阀与其他元件产生共振 (2) 单向阀的流量超过额定流量	(1) 适当调节阀的工作压力或改变弹簧刚度 (2) 更换大规格的单向阀或减少通过阀的流量

2. 换向阀的常见故障诊断与维修方法

换向阀的常见故障诊断与维修方法如表 4-10 所示。

表 4-10　　　　　　　　　　换向阀的常见故障诊断与维修方法

序号	故障现象	故障原因	维修方法
1	阀芯不动或不到位	(1) 电磁铁故障 ① 电压太低造成吸力不足，推不动阀芯 ② 电磁铁接线焊接不良，接触不好 ③ 漏磁引起吸力不足 ④ 因滑阀卡住交流电磁铁的铁芯吸不上底面而导致电磁铁烧毁 ⑤ 湿式电磁铁使用前未先松开放气螺钉放气 (2) 滑阀卡住 ① 阀体因安装螺钉的拧紧力过大或不均匀使阀芯卡住 ② 阀芯被碰伤，油液被污染 ③ 滑阀与阀体配合间隙过小，阀芯在阀孔中卡住不动作或动作不灵活 ④ 阀芯几何形状超差。阀芯与阀体装配不同心，产生轴向液压卡紧现象 (3) 液动换向阀控制油路故障 ① 油液控制压力不够，滑阀不动，不能换向或换向不到位 ② 节流阀关闭或堵塞 ③ 滑阀两端泄油口没有接回油箱或泄油管堵塞 (4) 电磁换向阀的推杆磨损后长度不够，使阀芯移动过小，引起换向不灵或不到位 (5) 弹簧折断、漏装、太软，不能使滑阀恢复中位	(1) 检修电磁铁 ① 提高电源电压 ② 检查并重新焊接 ③ 更换电磁铁 ④ 清除滑阀卡住故障，更换电磁铁 ⑤ 湿式电磁铁在使用前要松开放气螺钉放气 (2) 检修滑阀 ① 检查，使拧紧力适当、均匀 ② 检查、修磨或重配阀芯，更换液压油 ③ 检查间隙情况，研磨或更换阀芯 ④ 检查、修正几何偏差和同心度，检查液压卡紧情况，修复 (3) 检修液动换向阀控制油路 ① 提高控制油压，检查弹簧是否过硬，以便更换 ② 检查、清洗节流口 ③ 检查，并通接回油箱。清洗回油管，使之通畅 (4) 检修，必要时更换推杆 (5) 检查、更换或补装弹簧

续表

序号	故障现象	故障原因	维修方法
2	换向冲击与噪声	（1）控制流量过大，滑阀移动速度太快，产生冲击声 （2）固定电磁铁的螺钉松动而产生振动 （3）电磁铁的铁芯接触面不平或接触不良 （4）滑阀时卡时动或局部摩擦力过大 （5）单向节流阀阀芯与阀孔配合间隙过大，单向阀弹簧漏装，阻尼失效，产生冲击声	（1）调小单向节流阀节流口，减慢滑阀移动速度 （2）紧固螺钉，并加防松垫圈 （3）清除异物，并修整电磁铁的铁芯 （4）研磨修整或更换滑阀 （5）检查、修整到合理间隙，补装弹簧

任务三　流量阀拆装

一、任务分析

　　流量控制阀是通过改变阀口通流面积来调节阀口流量，从而控制执行元件运动速度的液压控制阀。常用的流量阀有节流阀和调速阀两种。

　　本任务的要求是按规范拆装节流阀和调速阀，弄清节流阀和调速阀的结构和工作原理，学会节流阀和调速阀的拆装方法。

二、相关知识

1. 节流阀的结构和工作原理

　　普通节流阀的结构、工作原理和图形符号图如图 4-22 所示，这种阀的节流油口为轴向三角槽式，主要由阀芯、推杆、手轮和弹簧等组成。

（a）结构、工作原理图　　　　　　　（b）图形符号图

1—顶盖；2—导套；3—阀体；4—阀芯；5—弹簧；6—底盖

图 4-22　轴向三角槽式节流阀结构、工作原理和图形符号图

压力油从油口 p_1 流入，经阀芯 4 左端的轴向三角槽后由 p_2 流出。阀芯 4 在弹簧力的作用下始终紧贴在推杆的端部。旋转手轮可使推杆沿轴向移动，改变节流口的通流截面积，从而调节通过阀的流量。

节流阀结构简单、制造容易、体积小、使用方便、造价低。但负荷和温度的变化对流量稳定性的影响较大，因此只适用于负荷和温度变化不大和速度稳定性要求不高的液压系统。

2. 调速阀的结构和工作原理

调速阀的工作原理和图形符号图如图 4-23 所示，这种调速阀由定差式减压阀和节流阀串联而成。节流阀用来调节通过的流量，定差式减压阀则自动补偿负载变化的影响，使节流阀前后的压力差为定值，消除了负载变化对流量的影响。

（b）图形符号图

（c）简化图形符号图

（a）结构、工作原理图

1—减压阀芯；2—节流阀

图 4-23　调速阀的工作原理和图形符号图

若减压阀进口压力为 p_1，出口压力为 p_2，节流阀出口压力为 p_3，则减压阀 a 腔、b 腔油压力为 p_2，c 腔油压力为 p_3。若减压阀 a、b、c 腔有效工作截面积分别为 A_1、A_2、A，则 $A = A_1 + A_2$。节流阀出口的压力为 p_3 由液压缸的负载决定。

当减压阀阀芯在其弹簧力 F_s、油液压力 p_2 和 p_3 的作用下处于某一平衡位置时，则

$$p_2 A_1 + p_2 A_2 = p_3 A + F_s$$

则

$$p_1 - p_2 = \frac{F_s}{A}$$

由于弹簧刚度较低，且在工作过程中减压阀阀芯位移很小，认为 F_s 基本不变，故 $\Delta p = p_1 - p_2 = \frac{F_s}{A}$ 也基本不变。故节流阀面积 A_T 不变，流量（$q = KA_T \Delta p^m$）也为定值，也就是说，无论负载如何变化，流量也恒定不变，液压元件的运动速度也不变。

即如果负载增大，p_3 增大，减压阀右腔推力也增大，阀芯左移，阀口开大，阀口的液阻减小，p_2 也增大，而 $\Delta p = p_1 - p_2 = \frac{F_s}{A}$ 却不变；如果负载减小，p_3 减小，减压阀右腔推力也减小，阀芯右移，阀口开度减小，阀口的液阻增大，p_2 也减小，而 $\Delta p = p_1 - p_2 = \frac{F_s}{A}$ 也不变。因此，调速阀

适用于负荷变化较大，速度平稳性要求较高的组合机床、铣床等的液压系统。

三、任务实施

1. 节流阀的拆装

图4-24所示为普通节流阀的外观和立体分解图，我们以这种阀为例说明普通节流阀的拆装步骤和方法。

（1）准备好内六角扳手一套、耐油橡胶板一块、油盘一个等器具。

（2）松开刻度手轮3上的锁紧螺钉2、4，取下手轮3。

（3）卸下刻度盘8，取下节流阀阀芯5，密封圈6、7、9。

（4）卸下螺堵13，取下密封圈14、弹簧15、单向阀阀芯16。

（5）观察节流阀主要零件的结构和作用。

① 观察阀芯结构和作用。

② 观察阀体的结构和作用。

（6）按拆卸的相反顺序装配，即后拆的零件先装配，先拆的零件后装配。装配时，如有零件弄脏，应该用煤油清洗干净后方可装配。装配阀芯时，可在其台肩上涂抹液压油，以防止阀芯卡住。装配时严禁遗漏零件。

（7）将节流阀外表面擦拭干净，整理工作台。

（a）外观图　　　　　　　　　　　　（b）立体分解图

1—贴片；2、4—锁紧螺钉；3—刻度手轮；5—节流阀阀芯；6、7、9、14、17—O形密封圈；
8—刻度盘；10—阀体；11—铆钉；12—铭牌；13—螺堵；15—弹簧；16—单向阀阀芯；18—定位销

图4-24　普通节流阀外观和立体分解图

2. 调速阀的拆装

图4-25所示为调速阀的外观和立体分解图，我们以这种阀为例说明调速阀的拆装步骤和方法。

1、12、19、20、29、30—堵头；2、6、7、10、14、22—O 形圈；3、11—密封挡圈；
4—阀套；5、24、25—螺钉；8—垫；9—垫圈；15—定位块；16—弹簧；17—压力补偿阀阀芯；18—阀体；21—销；
23—手柄；26—铭牌；27—节流阀阀芯；28—安装定位套；13、31—螺塞；32~38—单向阀组件；39—螺钉

图 4-25　调速阀的外观和立体分解图

（1）准备好内六角扳手一套、耐油橡胶板一块、油盘一个等器具。

（2）卸下堵头 1、12，依次从右端取下 O 形圈 2、密封挡圈 3、阀套 4；依次从左端取下密封挡圈 11、O 形圈 14、定位块 15、弹簧 16、压力补偿阀阀芯 17。

（3）卸下螺钉 24，取下手柄 23。

（4）卸下螺钉 25，取下铭牌 26。

（5）卸下节流阀阀芯 27。

（6）卸下 O 形圈 6、7，垫 8，垫圈 9，O 形圈 10。

（7）卸下螺钉 39，取下 38、37、36、35、34、33、32 等单向阀组件。

（8）观察调速阀主要零件的结构和作用。

① 观察节流阀阀芯结构和作用。

② 观察减压阀阀芯结构和作用。

③ 观察单向阀阀芯结构和作用。

④ 观察阀体的结构和作用。

（9）按拆卸的相反顺序装配，即后拆的零件先装配，先拆的零件后装配。装配时，如有零件弄脏，应该用煤油清洗干净后方可装配。装配阀芯时，可在其台肩上涂抹液压油，以防止阀芯卡住。装配时严禁遗漏零件。

（10）将调速阀外表面擦拭干净，整理工作台。

四、知识拓展

1. 节流阀的常见故障诊断与维修方法

节流阀的常见故障诊断与维修方法如表 4-11 所示。

表 4-11　　　　　　　　　　　　节流阀的常见故障诊断与维修方法

序号	故障现象	故障原因	维修方法
1	流量调节作用失灵	（1）节流口或阻尼小孔被严重堵塞，滑阀被卡住 （2）节流阀阀芯因污物、毛刺等卡住 （3）阀芯复位弹簧断裂或漏装 （4）在带单向阀装置的节流阀中，单向阀密封不良 （5）节流滑阀与阀体孔配合间隙过小而造成泄漏 （6）节流滑阀与阀体孔配合间隙过大而造成泄漏	（1）拆洗滑阀，更换液压油，使滑阀运动灵活 （2）清洗去毛刺 （3）更换或补装弹簧 （4）研磨阀座 （5）研磨阀孔 （6）检查磨损、密封情况，修换阀芯
2	流量虽然可调，但调好的流量不稳定，从而使执行元件的速度不稳定	（1）油中杂质黏附在节流口边上，通油截面减小，流量减少 （2）油温升高，油液的黏度降低 （3）调节手柄锁紧螺钉松动 （4）节流阀中，因系统负荷有变化而使流量变化 （5）阻尼孔堵塞，系统中有空气 （6）密封损坏 （7）阀芯与阀体孔配合间隙过大而造成泄漏	（1）拆洗有关零件，更换液压油 （2）加强散热 （3）锁紧调节手柄锁紧螺钉 （4）检查溢流阀 （5）排空气，畅通阻尼孔 （6）更换密封圈 （7）检查磨损、密封情况，更换阀芯
3	外泄漏，内泄漏大	（1）外泄漏主要发生在调节手柄部位、工艺螺堵、阀安装面等处，主要原因是 O 形密封圈永久变形、破损及漏装等 （2）内泄漏的原因主要是节流阀阀芯与阀体孔配合间隙过大或使用过程中的严重磨损及阀芯与阀孔拉有沟槽，以及油温过高等	（1）更换 O 形密封圈 （2）保证阀芯与阀孔的公差，保证节流阀阀芯与阀体孔配合间隙，如果有严重磨损及阀芯与阀孔拉有沟槽，则可用电刷镀或重新加工阀芯进行研磨

2. 调速阀的常见故障诊断与维修方法

调速阀的常见故障诊断与维修方法如表 4-12 所示。

表 4-12　　　　　　　　　　调速阀的常见故障诊断与维修方法

序号	故障现象	故障原因	维修方法
1	流量调节作用失灵	(1) 节流口或阻尼小孔被严重堵塞,滑阀被卡住 (2) 节流阀阀芯因污物、毛刺等卡住 (3) 阀芯复位弹簧断裂或漏装 (4) 节流滑阀与阀体孔配合间隙过大而造成泄漏 (5) 调速阀进出口接反了 (6) 定差减压阀阀芯卡死在全闭或小开度位置 (7) 调速阀进口与出口压力差太小	(1) 拆洗滑阀,更换液压油,使滑阀运动灵活 (2) 清洗去毛刺 (3) 更换或补装弹簧 (4) 检查磨损、密封情况,修换阀芯 (5) 纠正进出口接法 (6) 拆洗和去毛刺,使减压阀阀芯能灵活移动 (7) 按说明书调节压力
2	调速阀输出的流量不稳定,从而使执行元件的速度不稳定	(1) 定压差减压阀阀芯被污物卡住,动作不灵敏,失去压力补偿作用 (2) 定压差减压阀阀芯与阀套配合间隙过小或大小不同心 (3) 定压差减压阀阀芯上的阻尼孔堵塞 (4) 节流滑阀与阀体孔配合间隙过大而造成泄漏 (5) 漏装了减压阀的弹簧,或弹簧折断、装错 (6) 在带单向阀装置的调速阀中,单向阀阀芯与阀座接触处有污物卡住或拉有沟槽不密合,存在泄漏	(1) 拆洗定压差减压阀阀芯 (2) 研磨定压差减压阀阀芯 (3) 畅通定压差减压阀阀芯上的阻尼孔 (4) 检查磨损、密封情况,修换阀芯 (5) 补装或更换减压阀的弹簧 (6) 研磨单向阀阀芯与阀座,使之密合,必要时予以更换
3	最小稳定流量不稳定,执行元件低速运动速度不稳定,出现爬行抖动现象	(1) 油温高且温度变化大 (2) 温度补偿杆弯曲或补偿作用失效 (3) 节流阀阀芯因污物,造成时堵时通 (4) 节流滑阀与阀体孔配合间隙过大而造成泄漏 (5) 在带单向阀装置的调速阀中,单向阀阀芯与阀座接触处有污物卡住或拉有沟槽不密合,存在泄漏	(1) 加强散热,控制油温 (2) 更换温度补偿杆 (3) 拆洗滑阀,更换液压油,使滑阀运动灵活 (4) 检查磨损、密封情况,修换阀芯 (5) 研磨单向阀阀芯与阀座,使之密合,必要时予以更换

3. 电液伺服阀简介

电液伺服阀是电液联合控制的多级伺服元件,它能将微弱的电气输入信号放大成大功率的液压能量输出,是一种比电液比例阀的精度更高、响应更快的液压控制阀,主要用于高速闭环液压控制系统。伺服阀价格较高,对过滤精度的要求也较高。

图 4-26 所示为力反馈型喷嘴挡板式电液伺服阀的工作原理图。它由电磁和液压两部分组成,电磁部分是一个力矩马达,液压部分是一个两级液压放大器。液压放大器的第一级是双喷嘴

挡板阀，称前置放大级；第二级是四边滑阀，称功率放大级。因为阀芯位置由反馈杆组件弹性变形力反馈到衔铁上与电磁力平衡而决定，所以称为力反馈式电液伺服阀，又因为采用了两级液压放大器，所以称为力反馈两级电液伺服阀。它的工作原理如下。

（1）力矩马达的工作原理

力矩马达的作用是把输入的电气信号转变为力矩，使衔铁连同挡板偏转，以控制前置放大级。它由一对永久磁铁 1、导磁体 2 和 4、衔铁 3、线圈 5、弹簧管 6 等组成。永久磁铁 1 将导磁体磁化为 N 极和 S 极，衔铁和挡板连在一起，由固定在阀座上的弹簧管支撑，使之位于上下导磁体中间。挡板下端为一球头，嵌放在滑阀的中间凹槽内。

1—永久磁铁；2、4—导磁体；3—衔铁；5—线圈；6—弹簧管；
7—挡板；8—喷嘴；9—滑阀；10—固定节流孔；11—滤油器
图 4-26　喷嘴挡板式电液伺服阀的工作原理图

无电流输入时，力矩马达无输出，衔铁中立。有电流输入时，衔铁被磁化，如果通入的电流使衔铁左端为 N 极，右端为 S 极，则由同性相斥、异性相吸的原理，衔铁逆时针方向偏转，同时弹簧弯管变形，产生反力矩，直到电磁力矩与弹簧弯管反力矩相平衡为止。电流越大，产生的电磁力矩越大，衔铁偏转的角度大。这样力矩马达就把输入的电信号转换为力矩输出。

（2）前置放大级的工作原理

力矩马达产生的力矩很小，无法操纵滑阀的启闭以产生足够的液压功率，所以要在液压放大器中进行两级放大，即前置放大和功率放大。

前置放大级是一个双喷嘴挡板阀，主要由挡板 7、喷嘴 8、固定节流孔 10 和滤油器 11 组成。

力矩马达无信号，挡板不动，滑阀不动；力矩马达有信号，衔铁带挡板偏转，两可变节流孔变化，滑阀两端压力不等，滑阀移动。

如果衔铁逆时针方向偏转，挡板向右偏，右边可变节流孔减小，使 p_1 增大，右边可变节流孔增大，p_2 减小，滑阀 9 在压力差的作用下向左移动。

（3）功率放大级的工作原理

功率放大级的作用是将前置放大级输入的滑阀位移信号进一步放大，实现功率的转换和放大。它主要由滑阀 9 和挡板下部的反馈弹簧片组成。

当无电流信号输入时，力矩马达无力矩输出，挡板中立，滑阀两端压力相等，阀芯在反馈杆下端小球作用下也处于中位。

当有电流信号输入时，衔铁带动挡板逆时针方向偏转一 θ 角时，阀芯因 $p_1 > p_2$ 而向左移动，P 通 B，A 通 T。在阀芯左移的同时，使挡板在两喷嘴的偏移量减小，通过挡板下部的反馈弹簧片实现反馈作用，使挡板顺时针方向偏转，恢复到中位，p_1 减小，p_2 增大，最终阀芯停止运动，取得一个新的平衡位置。

4. 比例阀简介

比例阀是在通断式控制元件和伺服元件基础上发展起来的一种新型的电液控制元件。它能按输入的电气信号连续地、按比例地对油液的压力或流量进行远距离控制。与普通液压阀相比，其阀芯的运动由比例电磁铁控制，使输出的压力、流量等参数与输入的电流成正比，所以可用改变输入电信号的方法对压力、流量、方向进行连续控制。

比例阀由液压阀和直流比例电磁铁两部分组成，根据用途和工作特点的不同，比例控制阀可分为比例压力阀、比例流量阀和比例方向阀 3 大类。

图 4-27 所示为先导锥阀式比例溢流阀的结构、工作原理和图形符号图。这种阀用比例电磁铁取代先导型溢流阀上先导阀的调压手柄，便成为先导锥阀式比例溢流阀。该阀下部与普通溢流阀的主阀相同，上部则为比例先导压力阀。该阀还附有一个手动调整的先导阀，用以限制比例溢流阀的最高压力，以避免因电子仪器发生故障使得控制电流过大，压力超过系统允许最大压力的可能性。比例电磁铁的推杆向先导锥阀芯施加推力，该推力作为先导级压力负反馈的指令信号。随着输入电信号强度的变化，比例电磁铁的电磁力将随之变化，从而改变指令力的大小，使锥阀的开启压力随输入信号的变化而变化。若

（a）结构、工作原理图　　　　（b）图形符号图

1—阀座；2—先导锥阀；3—轭铁；4—衔铁；
5—弹簧；6—推杆；7—线圈；8—弹簧；9—手调的先导阀阀芯

图 4-27　先导锥阀式比例溢流阀的结构、工作原理和图形符号图

输入信号连续地、按比例地或按一定程序变化，则比例溢流阀所调节的系统压力也连续地、按比例地或按一定的程序进行变化。因此，比例溢流阀多用于系统的多级调压或实现连续的压力控制。

采用比例溢流阀，可以显著提高控制性能，使原来溢流阀控制的压力调整由阶跃式变为比例阀控制的缓变式，因而避免了压力调整引起的液压冲击和振动。

5. 叠加阀简介

叠加阀是一种可以相互叠装的液压阀，它是在板式液压阀集成化基础上发展起来的一种新型的控制元件。每个叠加阀不仅起控制阀的作用，而且还起连接块和通道的作用。每个叠加的阀体均有上下两个安装平面和 4~5 个公共通道，每个叠加阀的进出油口与公共通道并联或串联，同一通径的叠加阀的上下安装面的油口相对位置与标准的板式液压阀的油口位置相一致。

叠加阀也可分为换向阀、压力阀和流量阀 3 种，只是方向阀中仅有单向阀类，而换向阀采用标准的板式换向阀。

图 4-28 所示为一组叠加阀的结构、工作原理和图形符号图，其中叠加阀 1 为溢流阀，它并联在 P 与 T 流通之间，叠加阀 2 为双向节流阀，两个单向节流阀分别串联在 A、B 通道上，叠加阀 3 为双液控单向，它们分别串联在 A、B 通道上，最上面是板式换向阀，最下面还有公共底板。

叠加阀组成的液压系统是将若干个叠加阀叠合在普通板式换向阀和底块之间，作长螺栓结合而成，每一组叠加阀控制一个执行元件。一个液压系统有几个执行元件，就有几组叠加阀，再通过一个公共的底板把各部分的油路连接起来，从而构成一个完整的液压系统。

由叠加阀构成的系统结构紧凑、系统设计制造周期短、外观整齐、便于改造和升级。但目前叠加阀的通径较小（一般不大于 20mm）。

（a）结构、工作原理图　　　　　　　　（b）图形符号图

1—溢流阀；2—节流阀；3—双液控单向阀；4—底板

图 4-28　叠加阀的结构、工作原理和图形符号图

6. 插装阀简介

插装阀是 20 世纪 70 年代出现的大流量液压系统中的一种较新型结构的液压元件，它的特点是安装空间小、通流能力大，密封性能好，动作灵敏、结构简单，因而主要用于流量较大的系统或对密封性能要求较高的系统。

图 4-29 所示为插装阀的结构及图形符号图，这种阀由控制盖板 1、阀套 2、弹簧 3、阀芯 4 和阀体 5 等组成。由于这种阀的插装单元在回路中主要起通、断作用，故又称二通插装阀。二通插装阀的工作原理相当于一个液控单向阀。图中 A 和 B 为主油路仅有的两个工作油口，K 为控制油口（与先导阀相接）。当 K 口接回油箱时，如果阀芯受到的向上的液压力大于弹簧力，阀芯 4 开启，A 与 B 相通，当 A 处油压力大于 B 处的油压力时，压力油从 A 口流向 B 口；反之压力油则从 B 流向 A。当 K 口有压力油作用时，且 K 口的油压力大于 A 和 B 口的油压力，才能保证 A 与 B 之间关闭。

（a）结构、工作原理图　　　　　　　　（b）图形符号图

1—控制盖板；2—阀套；3—弹簧；4—阀芯；5—阀体

图 4-29　插装阀的结构及图形符号图

插装阀与各种先导阀组合，便可组成方向阀、压力阀和流量阀。并且同一阀体内可装入若干个不同机能的锥阀组件，加相应盖板和控制元件组成所需的液压回路，可使液压阀的结构很紧凑。

7. 数字阀简介

为了使液压系统与计算机控制系统更好地融合，各种数字式液压控制阀（简称数字阀）便应运而生。它能直接接受来自计算机的数字指令，它的主阀部分与普通液压阀几乎没有本质区别，只是其调节操纵部分既非普通液压阀的那种调节手柄，又非比例电磁铁、力矩马达和直流伺服电机，而是一个微型步进电机，接受脉冲电流（数字量），去控制压力、流量和方向，构成"数字阀"。

图 4-30 所示为数字压力阀组工作原理图，这种数字压力阀组由 6 个微型二位二通 H 形电磁换向阀和 6 个小型溢流阀组成。在工作时，将 $\Delta p_1 \sim \Delta p_6$ 分别调定为不同压力值，再按数字控制程序的设定，分别对 $S_1 \sim S_6$ 微型电磁换向阀的电磁铁进行通电或断电控制，可使输往系统的油液得到不同数值的工作压力。

图 4-30　数字压力阀组工作原理图

任务四　液压辅助元件拆装

一、任务分析

液压辅助元件包括密封装置、滤油器、油箱、管件、蓄能器等。它们和其他液压元件一样，都是液压系统中不可缺少的组成部分，对系统的动态性能、工作稳定性、工作寿命、噪声和温升等都有直接影响，必须予以重视。

本任务的要求是弄清密封装置、滤油器、油箱、管件、蓄能器的类型和结构，学会密封装置、滤油器、油箱、管件、蓄能器的拆装和选用方法。

二、相关知识

1. 密封装置的类型和结构

密封装置的作用是防止液压元件和液压系统中液压油的内漏和外漏，保证液压系统能建立必要的工作压力，还可以防止外漏油液污染工作环境。密封装置应具有良好的密封性、耐磨、耐油、耐用、结构简单、拆装维护方便。

　　密封按其工作原理的不同，可分为非接触式密封和接触式密封。非接触式密封主要指间隙密封，这种密封的优点是摩擦力小，缺点是磨损后不能自动补偿。主要用于直径较小的圆柱面之间，如滑阀的阀芯与阀孔之间、液压泵内的柱塞与缸体之间的配合。接触式密封是指密封件密封，这种密封需要在密封的配合表面之间设置专门的密封元件来实现密封，常用的密封件密封装置有O形密封圈、Y形密封圈、V形密封圈和滑环式组合密封圈等，其结构和特点如表4-13所示。

表4-13　　　　　　　　　　　　常用密封装置的类型、结构和特点

类型	结构简图	特点
O形密封圈		O形密封圈一般用耐油橡胶制成，其横截面呈圆形，它具有良好的密封性能，内外侧和端面都能起密封作用，结构紧凑，运动件的摩擦阻力小，制造容易，装拆方便，成本低，且高低压均可以用，工作压力可达 0～30MPa，工作温度为 -40℃～120℃。所以在液压系统中得到广泛的应用
Y形密封圈		这种密封能随着工作压力的变化自动调整密封性能，压力越高则唇边被压得越紧，密封性越好；当压力降低时唇边压紧程度也随之降低，从而减少了摩擦阻力和功率消耗。它还能自动补偿唇边的磨损，保持密封性能不降低。工作压力可达 20MPa，工作温度为-30℃～100℃。在装配时应注意唇边开口应对着有压力油的油腔
V形密封圈	 (a) 压环　(b) 密封环　(c) 支承环	这种密封通常由压环、密封环和支承环圈等多层涂胶织物压制而成，能保证良好的密封性，当压力更高时，可以增加中间密封环的数量。这种密封圈在安装时要预压紧，所以摩擦阻力较大。唇形密封圈安装时应使其唇边开口面对压力油，使两唇张开，分别贴紧在机件的表面上。最高工作压力可达 50MPa，工作温度为-40℃～80℃

续表

类型	结构简图	特点
滑环式组合密封圈	 1—O形密封环；2—滑环	这种密封为O形密封圈与截面为矩形的聚四氟乙烯塑料滑环组成的组合密封装置，由于密封间隙靠滑环，而不是O形圈，因此摩擦阻力小而且稳定，工作压力可达80MPa，往复运动密封时，速度可达15m/s；往复摆动与螺旋运动密封时，速度可达5m/s

2. 油箱类型和结构

油箱的作用是储存足够的液压油，并且能散发液压系统工作中产生的部分热量和分离油液中混入的空气、沉淀污染物及杂质。按油面是否与大气相通，可分为开式与闭式两种。开式油箱被广泛用于一般的液压系统；闭式油箱则用于水下、高空或对工作稳定性要求高的场合，这里仅介绍开式油箱。

开式油箱结构如图4-31所示，它由回油管1、泄油管2、吸油管3、空气滤油器4、安装板5、隔板6、放油口7、滤油器8、清洗窗9和油位指示器10等组成。隔板6将吸油管3与回油管1、泄油管2隔开。顶部、侧部及底部分别装有空气滤清器4、油位指示器10等，安装液压泵及其驱动电机的安装板5可固定在油箱的顶面上。

1—回油管；2—泄油管；3—吸油管；4—空气滤油器；5—安装板；6—隔板；
7—放油口；8—滤油器；9—清洗窗；10—油位指示器
图4-31　油箱结构、工作原理图

3. 冷却器和加热器的结构

油箱中液压油的温度要求保持在30℃～50℃的范围之内，最低不低于15℃，最高不超过65℃，如环境温度太低，无法使液压泵启动或正常运转时，就须安装加热器；反之，如果液压系统靠自然冷却仍不能使油温控制在上述范围内时，就须安装冷却器。

液压系统的加热一般采用电加热器，这种加热器的安装方式如图4-32所示，它用法兰盘水平安装在油箱侧壁上，发热部分全部浸在油液内，加热器应安装在油液流动处，以利于热量的交换。由于油液是热的不良导体，因此单个加热器的功率容量不能太大，以免其周围油液的温度过高而发生变质现象。

图 4-32　加热器的安装方式

　　冷却器一般应安放在回油管或低压管路上，如溢流阀的出口，系统的主回流路上或单独的冷却系统，要求散热面积足够大，散热效率高，压力损失小。根据冷却介质的不同，冷却器可分为水冷式、风冷式等，它们的类型和特点如表 4-14 所示。

表 4-14　　　　　　　　　　　　　冷却器的类型和特点

类型	结构举例	特点
水冷式冷却器	蛇形管水冷式冷却器	这种冷却器直接装在油箱内，冷却水从蛇形管内部通过，带走油液中热量。结构简单，但冷却效率低，耗水量大
	多管水冷式冷却器	在这种冷却器中，液从进油口 5 流入，从出油口 3 流出；冷却水从进水口 6 流入，通过多根水管后由出水口 1 流出。油液在水管外部流动时，它的行进路线因冷却器内设置了隔板而加长，因而增强了热交换效果
风冷式冷却器	翅片管风冷式冷却器	这种冷却器的散热面积为光滑管的 8~10 倍。椭圆管的散热效果一般比圆管更好

4. 滤油器类型和结构

滤油器的作用是过滤混在油液中的杂质，降低进入系统中油液的污染度，保证系统正常地工作。根据滤芯的不同可分为网式、线隙式、纸质式、烧结式和磁性滤油器等，它们的类型、结构和特点如表 4-15 所示。

表 4-15　　　　　　　　　　滤油器的类型、结构和特点

类型	结构简图	特点
网式滤油器		其滤芯以铜丝网为过滤材料，在周围开有很多孔的塑料或金属筒形骨架上，包着一层或两层铜丝网，其网孔直径为 $74\mu m \sim 200\mu m$，压力差为 $25Pa \sim 50Pa$。这种滤油器结构简单，通流能力大，清洗方便，但过滤精度低，一般用于液压泵的吸油管上，以保护液压泵
线隙式滤油器		其滤芯用铜线或铝线密绕在筒形骨架的外部制成，依靠铜丝间的微小间隙滤除混入液体中的杂质，其网孔直径为 $100\mu m \sim 200\mu m$，压力差为 $30Pa \sim 100Pa$。其结构简单，通流能力大，过滤精度比网式滤油器高，但不易清洗，多作回油滤油器，用于中、低压系统
纸质滤油器		其滤芯为平纹或波纹的酚醛树脂或木浆微孔滤纸制成的纸芯，将纸芯围绕在带孔的镀锡铁做成的骨架上，以增大强度。为增加过滤面积，纸芯一般做成折叠形，其网孔直径为 $30\mu m \sim 72\mu m$，压力差为 $50Pa \sim 120Pa$。其过滤精度较高，一般用于油液的精过滤，但堵塞后无法清洗，须经常更换滤芯，用于要求过滤质量高的液压系统中
烧结式滤油器		其滤芯用金属粉末烧结而成，利用颗粒间的微孔来挡住油液中的杂质通过，其网孔直径为 $7\mu m \sim 100\mu m$，压力差为 $30Pa \sim 200Pa$。其滤芯能承受高压，抗腐蚀性好，过滤精度高，适用于要求精滤的高压、高温液压系统
磁性滤油器		滤芯由永久磁铁制成，能吸住油液中的铁屑、铁粉、可带磁性的磨料。它常与其他形式滤芯合起来制成复合式滤油器，对加工钢铁件的机床液压系统特别适用

5. 油管及管接头的类型和结构

（1）油管的类型和特点

油管的作用是将各液压元器件连接起来。液压系统中使用的油管有刚性管（钢管、紫铜管等）、挠性管（橡胶管、尼龙管、耐油塑料管等）两类。各种油管的类型和特点如表 4-16 所示。

表 4-16　　　　　　　　　　　　　油管的类型和特点

类型	特点
钢管	能承受高压、价廉、耐油、抗腐蚀、刚性好，但装配时不易弯曲
紫铜管	能承受 6.5MPa~10MPa 压力，易弯曲成形，但价格高，抗震能力差，易使油液氧化
尼龙管	能承受 2.5MPa~8MPa 压力，价廉，半透明材料，可观察流动情况，加热后可任意弯曲成形和扩口，冷却后即定形，但使用寿命较短
塑料管	耐油、价廉、装配方便，但承受压力低，长期使用会老化
橡胶管	分高压和低压管两种，高压橡胶管（压力达 20MPa~30MPa）由耐油橡胶和钢丝编织层制成，价格高；而低压橡胶管由耐油橡胶和帆布制成

（2）油管接头的类型和结构

管接头的作用是将油管与油管、油管与液压元件间进行可拆卸连接。管接头的类型有很多，按接头的通路方向可分为直通、弯头、三通、四通、铰接等形式。按其与油管的连接方式可分为管端扩口式、卡套式、焊接式、扣压式等。管接头与机体的连接常用圆锥螺纹和普通细牙螺纹。各种油管接头的类型、结构和特点如表 4-17 所示。

表 4-17　　　　　　　　　　各种油管接头的类型、结构和特点

类型	结构、工作原理图	特点
扩口式管接头	1—接头体；2—螺母；3—导套；4—接管	利用管子端部扩口进行密封，不需其他密封件，适用于薄壁管件和压力较低的场合
卡套式管接头	1—接头体；2—螺母；3—卡套；4—接管；5—密封圈	利用卡套的变形卡住管子并进行密封；轴向尺寸控制不严格，易于安装；但对管子外径要求高

续表

类型	结构、工作原理图	特点
扣压式管接头	 1—接头螺母；2—接头体	管接头由接头外套和接头体组成，软管装好后再用模具扣压，使软管得一定的压缩量；这种结构具有较好的抗拔脱性和密封性
快换管接头	 1、7—弹簧；2、6—阀芯；3—钢球；4—外套；5—接头体	管子拆开后可自行密封，管道内的油液不会流失，因此适用于经常拆卸的场合，结构比较复杂，局部阻力损失较大

6. 蓄能器的类型和结构

蓄能器是一种储存油液压力能，并在需要时释放出来供给系统的能量储存装置。它能作辅助动力源、充当应急动力源、补漏保压、吸收脉动、降低噪声。根据蓄能器内油液加载方式不同，可分为重力式、弹簧式和充气式 3 种。目前常用的多是利用气体压缩和膨胀来储存、释放液压能的充气式蓄能器。它有气囊式、活塞式、气瓶式等几种，充气式蓄能器的类型、结构特点如表 4-18 所示。

表 4-18　　　　　　　　　充气式蓄能器的类型、结构和特点

类型	结构简图	特点
活塞式蓄能器	 1—活塞；2—缸体；3—阀	活塞 1 的上部为惰性气体，气体由阀 3 充入，其下部经油孔 a 通向液压系统，活塞 1 随下部压力油的储存和释放而在缸体 2 内来回滑动。这种蓄能器结构简单、工作可靠、寿命长、尺寸小，适用于大流量的低压回路中。但因活塞有一定的惯性和 O 形密封圈存在较大的摩擦力，所以反应不够灵敏，且缸体加工和活塞密封要求高

续表

类型	结构简图	特点
气囊式蓄能器	1—壳体；2—气囊；3—充气阀；4—提升阀	皮囊用耐油橡胶制成，固定在耐高压的壳体的上部，皮囊内充入惰性气体，壳体下端的提升阀4由弹簧加菌形阀构成，压力油由此通入，并能在油液全部排出时，防止皮囊膨胀挤出油口。这种结构使气、液密封可靠，并且因皮囊惯性小而克服了活塞式蓄能器响应慢的弱点，并且其尺寸小，重量轻；其弱点是工艺性较差
气瓶式蓄能器	气体 液压油	容量大、惯性小、反应灵敏、占地面积小，没有摩擦损失，但气体易混入油内，影响液压系统运行的平稳性，必须经常注入新气，附属设备多，一次性投资较大。适用于大流量的中、低压回路

三、任务实施

1. 滤油器的拆装

图4-33所示为滤油器的立体分解图，我们以这种滤油器为例说明滤油器的拆装步骤和方法。

（1）准备好耐油橡胶板一块、油盘一个等器具。卸下滤油器的外壳。

（2）卸下滤芯和密封。

（3）卸下滤油器的弹簧。观察各零件的结构。

（4）按拆卸的相反顺序装配，即后拆的零件先装配，先拆的零件后装配。装配时，如有零件弄脏，应该用煤油清洗干净后方可装配。先装入滤油器的弹簧。

（5）装入滤芯和密封。

（6）装入密封。

（7）拆卸滤油器的外壳。

（8）将滤油器外表面擦拭干净，整理工作台。

图4-33　滤油器的立体分解图

2. 滤油器的选用和安装

（1）滤油器的选用

滤油器应根据液压系统的技术要求，按过滤精度、通流能力、工作压力、工作温度等条件选定其类型、尺寸大小及其他工作参数。选用的原则如下。

① 过滤精度应满足液压系统的要求。

过滤精度是指滤去杂质的颗粒度大小。颗粒度越小，则过滤精度越高。按所能过滤杂质颗粒直径 d 的大小不同，滤油器可分粗滤油器（$d \geqslant 100\mu m$）、普通滤油器（$d \geqslant 10\mu m \sim 100\mu m$）、精密滤油器（$d \geqslant 5\mu m \sim 10\mu m$）和特精滤油器（$d \geqslant 1\mu m \sim 5\mu m$）4 个等级，滤油器的精度越高，对系统越有利，但不必要的高精度，会导致滤芯寿命下降，成本提高，所以选用滤油器时，应根据其使用目的，确定使用合理精度及价格的滤油器。不同液压系统对油液精度的要求如表 4-19 所示。

表 4-19　　　　　　　　　各种液压系统对油液精度的要求

系统类型	润滑系统	传动系统			伺服系统	特殊系统
压力/MPa	0~2.5	≤14	14~32	>32	≤21	≤35
颗粒度/μm	≤100	25~30	≤25	≤10	≤5	≤1

② 能在较长时间内保持足够的通流能力。

③ 滤芯具有足够的强度。

④ 滤芯抗腐蚀性能好，能在规定的温度下持久地工作。

⑤ 滤芯的清洗或更换和维护要方便。

（2）滤油器的安装

滤油器在液压系统中的安装位置通常有以下几种。

① 安装在泵的吸油口处

泵的吸油路上一般都安装有粗滤油器，目的是滤去较大的杂质微粒以保护液压泵，此外，滤油器的过滤能力应为泵流量的两倍以上，如图 4-34 中 1 所示。

② 安装在泵的出口油路上

此处安装滤油器的目的是用来滤除可能侵入阀类等元件的污染物。同时应安装安全阀以防滤油器堵塞，如图 4-34 中 2 所示。

图 4-34　滤油器在液压系统中的安装位置

③ 安装在系统的回油路上

这种安装起间接过滤作用。一般与滤油器并联安装一背压阀，当滤油器堵塞达到一定压力值时，背压阀打开，如图 4-34 中 3 所示。

④ 安装在液压系统分支油路上

主要装在溢流阀的回油路上，这时不是所有的油液都经过滤油器，这样可降低滤油器的容量，如图 4-34 中 4 所示。

⑤ 安装在单独过滤系统中

大型液压系统可专设一套由液压泵和滤油器组成的独立过滤回路，以加强滤油效果，如图 4-34 中 5 所示。

3. 密封装置的选用

密封装置的选用如表 4-20 所示。

表 4-20 常用密封装置的使用范围

类型	使用范围
O 形密封圈	工作压力可达 0~30MPa，工作温度为 -40℃ ~120℃
Y 形密封圈	工作压力可达 20MPa，工作温度为 -30℃ ~100℃
V 形密封圈	最高工作压力可达 50MPa，工作温度为 -40℃ ~80℃
滑环式组合密封圈	工作压力可达 80MPa，往复运动密封时，速度可达 15m/s；往复摆动与螺旋运动密封时，速度可达 5m/s

4. 油箱的选用

（1）油箱有效容积 V 的选用

油箱有效容积 V 是指油面高度为油箱高度 80% 时的容积。油箱有效容积应根据液压系统发热、散热平衡的原则来计算，这项计算在系统负载较大、长期连续工作时是必不可少的。但对于一般情况来说，油箱的有效容积可以按液压泵的额定流量 q_n 估计出来，即

$$V = Kq_n \tag{4-1}$$

式中，K 经验系数，低压系统 K 取 2~4，中压系统 K 取 5~7，高压系统 K 取 10~12。

（2）油箱箱体结构的选用

油箱的外形可依总体布置确定，为了有利于散热，宜用长方体。油箱的三向尺寸可根据安放在顶盖上的泵和电机及其他元件的尺寸、最高油面只允许到达油箱高度的 80% 来确定。

中小型油箱的箱体常用 3mm~4mm 厚的钢板直接焊成，大型油箱的箱体则用角钢焊成骨架后再焊上钢板。箱体的强度和刚度要能承受住装在其上的元器件的重量、机器运转时的转矩及冲击等，为此，油箱顶部应比侧壁厚 3~4 倍。为了便于散热、放油和搬运，油箱体底脚高度应为 150mm~200mm，箱体四周要有吊耳，底脚的厚度为油箱侧壁厚的 2~3 倍。箱体的底部应设置放油口，且底面最好向放油口倾斜，以便清洗和排除油污。

（3）油箱防锈方案的选用

油箱内壁应涂上耐油防锈的涂料。外壁如涂上一层极薄的黑漆（厚度不超过 0.025mm），会有很好的辐射冷却效果。而铸造的油箱内壁一般只进行喷砂处理，不涂漆。

（4）油箱密封的选用

为了防止油液污染，油箱上各盖板、管口处都要妥善密封。注油器上要加滤油网。防止油箱出现负压而设置的通气孔上须装空气滤清器。空气滤清器的容量至少应为液压泵额定流量的 2 倍。油箱内回油集中部分及清污口附近宜装设一些磁性块，以去除油液中的铁屑和带磁性颗粒。

（5）吸油管、回油管和泄油管位置的选用

吸油管和回油管应尽量相距远些，两管之间要用隔板隔开，以增加油液循环距离，使液体有足够的时间分离气泡，沉淀杂质，消散热量。隔板高度最好为箱内油面高度的 3/4。

吸油管入口处要装粗滤油器，管端与箱底、箱壁间距离均不宜小于管径的 3 倍，以便四周吸油。粗滤油器距箱底不应小于 20mm。粗滤油器与回油管管端在油面最低时仍应浸入油面以下，防止吸油时吸入空气或回油冲入油箱时搅动油面而混入气泡。回油管管端宜斜切 45°，以增大出油口截面积，减慢出口处油流速度。此外，应使回油管斜切口面对箱壁，以便油液散热。当回油

管排回的油量很大时，宜使回油管出口处高出油面，向一个带孔或不带孔的斜槽（倾角为 5°~15°）排油，使油流散开，一方面减慢流速，另一方面排走油液中空气，减慢回油流速、减少它的冲击搅拌作用，也可以采取让回油管通过扩散室的办法来实现。

泄油管的安装分两种情况，阀类的泄油管安装在油箱的油面以上，以防止产生背压，影响阀的工作；液压泵或液压缸的泄油管安装在油面以下，以防空气混入。

（6）加油口和空气滤油器位置的选用

加油口应设置在油箱的顶部便于操作的地方，加油口应带有过滤网，平时加盖密封。为了防止空气中的灰尘杂物进入油箱，保证在任何情况下油箱始终与大气相通，油箱上的通气孔应安装规格足够的空气滤油器。空气滤油器是标准件，并将加油过滤功能组合为一体化结构，可根据需要选用。

（7）油位指示器位置的选用

油位指示器用于监测油面高度，所以其窗口尺寸应满足对最高、最低油位的观察，且要装在易于观察的地方。

5. 油管的选用和安装

液压系统采用哪种油管必须根据系统的工作压力、使用环境及其安装位置正确选用。

（1）按液压系统的工作压力大小正确选用管子的材质，如表 4-21 所示。

表 4-21　　　　　　　　　　　　油管的使用范围

类型	使用范围
钢管	压力高于 2.5MPa 的中高压系统油管常用 10 号或 15 号冷拔无缝钢管；压力低于 2.5MPa 的低压系统油管用焊接钢管
紫铜管	可在压力为 6.5MPa~10MPa 的中低系统中使用，常用在仪表和装配不便处
尼龙管	只在压力为 2.5MPa~8MPa 的低压系统中使用
塑料管	只用于压力低于 0.5MPa 的回油或泄油管路
橡胶管	高压橡胶管最高压力可达 42MPa，多用于高压管路；低压橡胶管的压力低于 1.5MPa，用于回油管路

（2）按工作中装配难易和是否连接要移动的部件选用刚性管或挠性管，例如，所连接的管需要移动则选用橡胶管等挠性管，固定处则可选用钢管等刚性管。

（3）油管内径的选用。

油管内径 d 可由 $d = 2\sqrt{\dfrac{q}{\pi v}}$（$v$ 为允许流速，压力管取 2.5m/s~5m/s；吸油管取 0.6m/s~1.5m/s；回油管取 1.5m/s~2.5m/s）计算后，根据有关标准圆整而得，再通过液压设计手册来确定油管内径。

（4）油管壁厚的选用。

油管壁厚 δ 由 $\delta = \dfrac{pd}{2[\sigma]}$（$p$ 为油液最大工作压力，d 为管子内径，$[\sigma]$ 为材料的许用应力）计算后，根据有关标准圆整而得，再通过液压设计手册来确定油管壁厚。

（5）油管的安装。

油管的安装应横平竖直，尽量减少转弯。管道应避免交叉，转弯处的半径应大于油管外径的 3~5 倍。为了便于安装管接头及避免振动影响，平行管之间的距离应大于 100mm。长管道应选用标准管夹固定牢固，以防止振动和碰撞。

软管直线安装时要有 30% 左右的余量，以适应油温变化、受拉和振动的需要。弯曲半径要大于 9 倍软管外径，弯曲处到接头的距离至少等于 6 倍的外径。

6. 油管接头的选用

油管接头的选用如表 4-22 所示。

表 4-22　　　　　　　　　　各种油管接头的使用范围

类型	使用范围
扩口式管接头	可用于压力小于 16 MPa 的液压系统中
卡套式管接头	可用于压力小于 40 MPa 的高压液压系统中
扣压式管接头	可用于压力小于 40 MPa 的高压液压系统中
快换管接头	适用于经常拆卸的最高压力小于 32MPa 的液压系统中

7. 蓄能器的选用

选用蓄能器应考虑：工作压力及耐压、公称容积及允许的吸（排）油流量或气体容积、允许使用的工作介质及介质温度，其次还应考虑蓄能器的重量及占用空间、价格及使用寿命、安装维修的方便性及厂家的货源情况等。

蓄能器属压力容器，必须有生产许可证才能生产，所以一般不要自行设计、制造蓄能器，而应选择专业厂家的定型产品。

四、知识拓展

1. 密封装置的常见故障诊断与维修方法

密封装置的常见故障诊断与维修方法如表 4-23 所示。

表 4-23　　　　　　　　　　密封装置的常见故障诊断与维修方法

序号	故障现象	故障原因	维修方法
1	漏油	（1）密封装置选择不合理 （2）由于脏物颗粒拉伤密封圈表面或密封唇部，密封圈严重磨损 （3）密封圈老化，产生裂纹 （4）密封圈过分压缩永久变形，失去弹性 （5）安装不好 　①安装方向和方法不对 　②未使用必要的工具安装密封圈，密封圈在安装时被切伤	（1）更换合适的密封装置 （2）更换液压油和密封圈 （3）更换密封圈 （4）更换密封圈 （5）按正确要求安装 　①安装方向和方法要正确 　②更换密封圈，更换时要用导引工具安装密封圈，密封槽边倒角，修毛刺，并在装前涂润滑油或油脂

续表

序号	故障现象	故障原因	维修方法
1	漏油	③ 密封圈装配时不注意，唇部弹簧脱落 ④ 油封安装孔与传动轴的同轴度过大，密封唇不能跟随轴运动 （6）设计和制造不好 ① 安装尺寸、公差设计不正确 ② 密封槽尺寸过深或过浅 ③ 密封缝隙太大，易入缝隙而切破、咬伤密封圈 ④ 未设计密封圈装配导引部分，密封圈易切破 ⑤ 加工制造不好，如表面太粗糙、有波纹	③ 用导引工具安装密封圈 ④ 调整，保证油封安装孔与传动轴的同轴度 （6）合理设计保证制造质量 ① 安装尺寸、公差设计要正确 ② 密封槽尺寸要合理 ③ 应设置密封圈和支承环，防止挤出 ④ 密封圈装配导引部分应按标准设计 ⑤ 加工时要保证密封部位的尺寸精度和表面粗糙度要求

2. 油箱的常见故障诊断与维修方法

油箱的常见故障诊断与维修方法如表 4-24 所示。

表 4-24　　　　　　　　油箱的常见故障诊断与维修方法

序号	故障现象	故障原因	维修方法
1	油箱温升严重	（1）液压油黏度选择不当 （2）油箱设置在高温热辐射源附近，环境温度高 （3）油箱散热面积不够 （4）液压系统各种压力失损产生的能量转换大	（1）更换液压油 （2）应尽量远离热源 （3）应加大油箱散热面积 （4）应正确设计液压系统，减少各种压力失损
2	油箱振动和噪声	（1）泵有气穴，系统的噪声显著增大 （2）油温过高 （3）液压泵与电机连接处未装减振垫 （4）油箱地脚螺钉未固牢在地上	（1）减少液压泵的进油阻力 （2）加强散热 （3）液压泵与电机连接处要加装减振垫 （4）油箱地脚螺钉应固牢在地上
3	油箱内油液污染	（1）装配时残存的油漆剥落片、焊渣等污物污染了液压油 （2）密封不严，有污物进入了油箱	（1）清理污物，更换液压油 （2）清理污物，更换液压油

3. 加热器和冷却器的常见故障诊断与维修方法

加热器和冷却器的常见故障诊断与维修方法如表 4-25 所示。

表 4-25   加热器和冷却器的常见故障诊断与维修方法

序号	故障现象	故障原因	维修方法
1	加热器失灵	（1）加热接线错误 （2）加热器发热元件损坏	（1）纠正错误的接线 （2）更换发热元件
2	漏油、漏水	（1）冷却器端盖与筒体结合不好 （2）焊接不良 （3）冷却水管破裂	（1）清洗端盖与筒体结合面，更换密封圈 （2）补焊 （3）更换冷却水管
3	冷却器性能下降	（1）水量不足 （2）冷却器水油腔积气 （3）堵塞及沉积物滞留在冷却管壁上	（1）加水 （2）排除冷却器水油腔积气 （3）清除冷却器内堵塞及沉积物
4	冷却器被腐蚀	（1）冷却水水质不良 （2）铜管管口处往往有腐蚀	（1）改善冷却水水质 （2）选用铝合金、钛合金作冷却管材料

4. 滤油器的常见故障诊断与维修方法

滤油器的常见故障诊断与维修方法如表 4-26 所示。

表 4-26   滤油器的常见故障诊断与维修方法

序号	故障现象	故障原因	维修方法
1	滤芯的破坏变形	（1）滤油器选用不当 （2）滤芯堵塞 （3）蓄能器中的油液反灌冲坏滤油器	（1）正确选用滤油器 （2）清洗或更换滤芯 （3）检修蓄能器，并更换滤油器
2	滤油器堵塞	滤油器堵塞纳垢后，会造成液压泵吸油不良、泵产生噪声、系统无法吸油等问题	可用三氯化乙烯、甲苯等溶剂清洗或机械及物理方法清洗
3	带堵塞指示发信装置的滤油器，堵塞后不发信	（1）带堵塞指示发信装置的活塞被污物卡死 （2）弹簧装错	（1）清洗活塞，使其运动灵活 （2）按要求装弹簧

5. 油管及管接头的常见故障诊断与维修方法

油管及管接头的常见故障诊断与维修方法如表 4-27 所示。

表 4-27   油管及管接头的常见故障诊断与维修方法

序号	故障现象	故障原因	维修方法
1	漏油	（1）油管或管接头破裂 （2）密封不良或损坏 （3）管接头松动	（1）更换或焊补油管或管接头 （2）更换密封 （3）拧紧接头

续表

序号	故障现象	故障原因	维修方法
2	振动和噪声	(1) 油管内进了空气 (2) 油管固定不牢靠 (3) 液压泵、电机等振动源的振动频率与配管的振动频率合拍产生共振	(1) 排空气 (2) 将油固定牢靠 (3) 二者的频率之比要在1/3~3的范围之外

6. 蓄能器的常见故障诊断与维修方法

蓄能器的常见故障诊断与维修方法如表4-28所示。

表4-28　　　　　　　　　　蓄能器的常见故障诊断与维修方法

序号	故障现象	故障原因	维修方法
1	不起作用	(1) 气阀漏气严重 (2) 气囊破损	(1) 检修气阀 (2) 更换气囊
2	气囊式蓄能器压力下降严重，经常需要补气	(1) 阀芯与阀座不密合 (2) 阀芯锥面上拉有沟槽 (3) 阀芯锥面上有污物	(1) 研磨 (2) 更换阀芯 (3) 清洗阀芯
3	蓄能器充气时，压力上升得很慢，甚至不上升	(1) 充气阀密封盖未拧紧或使用中松动而漏了氮气 (2) 充气阀密封圈漏装或破损 (3) 充气的氮气瓶的气压太低	(1) 拧紧充气阀密封盖 (2) 补装或更换密封圈 (3) 更换氮气瓶

 习 题

1. 简述直动式溢流阀的结构和工作原理。
2. 简述先导式溢流阀的结构和工作原理。
3. 简述直动式顺序阀的结构和工作原理。
4. 简述先导式减压阀的结构和工作原理。
5. 简述先导式溢流阀的拆装步骤和方法。
6. 简述直动式顺序阀的拆装步骤和方法。
7. 简述先导式减压阀的的拆装步骤和方法。
8. 简述普通单向阀的结构和工作原理。
9. 简述液控单向阀的结构和工作原理。
10. 简述二位三通干式交流电磁换向阀的结构和工作原理。
11. 简述三位四通电液换向阀的结构和工作原理。
12. 简述管式普通单向阀的拆装步骤和方法。
13. 简述三位四通电磁换向阀的拆装步骤和方法。

14. 简述节流阀的结构和工作原理。

15. 简述调速阀的结构和工作原理。

16. 简述节流阀的拆装步骤和方法。

17. 简述调速阀的拆装步骤和方法。

18. 简述常见密封装置的类型及特点。

19. 简述滤油器的选用原则。

项目五

液压基本回路故障诊断与维修

液压基本回路是能完成某种特定控制功能的液压元件的组合。按完成的功能不同可分为方向控制回路、压力控制回路和速度控制回路3种基本回路。液压基本回路故障诊断与维修是液压系统故障诊断与维修的基础。

任务一　压力回路故障诊断与维修

一、任务分析

压力回路是对系统或系统某一部分的压力进行控制的回路。这种回路包括调压、顺序动作、平衡、减压、保压、卸压等回路。

本任务的要求是弄清调压、顺序动作、平衡、减压、保压、卸压等回路的组成和工作原理，学会压力回路故障诊断与维修方法，为液压传动系统的维修打下坚实的基础。

二、相关知识

1. 调压回路的组成和工作原理

调压回路是使液压系统整体或部分的压力保持恒定或不超过某一预先调定的数值的压力控制回路。这类回路包括单级调压回路、二级调压回路和多级调压回路等回路。

单级调压回路的组成和工作原理如图5-1（a）所示，该回路由定量液压泵1和溢流阀2并联而成，通过调节溢流阀的压力，可以改变泵的输出压力。当溢流阀的调定压力确定后，液压泵就在溢流阀的调定压力下工作，从而实现对液压系统进行调压和稳压控制，这时的溢流阀处于其调定压力的常开状态，使液压泵的油一部分进行系统驱动执行元件工作，另一部分油会经溢流阀流回油箱。如果将定量液压泵1换成变量液压泵，这时溢流阀将作为安全阀用，系统的压力决定于外加负载的压力，当外加负载的压力小于溢流阀的调定压力，这时溢流阀处于关阀状态；当外加负载的压力大于溢流阀的调定压力，溢流阀将开启，并将油液溢出一部分回到油箱，维持液压系统的压力不超过溢流阀的调定压力，从而限定液压系统的最高压力，保证液压系统安全工作。

二级调压回路的组成和工作原理如图5-1（b）所示，该回路可实现两种不同的压力控制，由溢流阀2和溢流阀4各调一级。当二位二通电磁阀3断电，处于图5-1（b）所示位置时，系统压力由先导式溢流阀2调定；当阀3通电后处于下位工作时，系统压力由溢流阀4调定，但值得注意是，溢流阀4的调定压力p_2一定要小于溢流阀2的调定压力p_1，否则不能实现二级调压。当系统压力由溢流阀4调定时，溢流阀2的先导阀阀口关闭，但主阀开启，液压泵的溢流流量经先导式溢流阀2的主阀回油箱。

多级调压回路的组成和工作原理如图5-1（c）所示，该回路为三级调压回路，三级压力分别由先导式溢流阀1、直动式溢流阀2和直动式溢流阀3调定，当电磁铁1YA、2YA断电，处于图5-1（c）所示位置时，系统压力由先导式溢流阀1调定；当1YA通电时，系统压力由直动式溢流阀2调定；当2YA通电时，系统压力由直动式溢流阀3调定。在这种调压回路中，直动式溢流阀2和直动式溢流阀3的调定压力要低于先导式溢流阀1的调定压力。

（a）单级调压回路　　　　　　（b）二级调压回路　　　　　　（c）多级调压回路

图5-1　调压回路的组成和工作原理图

2. 平衡回路的组成和工作原理

平衡回路是指防止垂直或倾斜放置的液压缸和与之相连的工作部件因自重而自行下落的液压回路。如图5-2所示为用液控顺序阀控制的平衡回路的组成和工作原理图，当活塞下行时，控制压力油打开液控顺序阀，背压消失，因而回路效率较高；当停止工作时，液控顺序阀关闭以防止活塞和工作部件因自重而下降。这种平衡回路的优点是只有上腔进油时活塞才下行，比较安全可靠；缺点是活塞下行时平稳性较差。这是因为活塞下行时，液压缸上腔油压降低，将使液控顺序阀关闭。当顺序阀关闭时，因活塞停止下行，使液压缸上腔油压升高，打开液控顺序阀。因此，液控顺序阀始终工作于启闭的过渡状态，因而会影响工作的平稳性。这种回路适用于运动部件重量不很大、停留时间较短的液压系统中。

图5-2　用液控顺序阀控制的平衡回路的组成和工作原理图

3. 减压回路的组成和工作原理

减压回路是使系统中的某一部分油路具有较系统压力低的稳定压力的液压回路。最常见的减压回路是通过定值减压阀与主油路相连的，其组成和工作原理如图5-3（a）所示，回路中的单向阀供主油路在压力降低（低于减压阀调整压力）时防止油液倒流，起短时保压之用。

在减压回路中，也可以采用类似两级或多级调压的方法获得两级或多级减压，图5-3（b）所示为利用先导式减压阀1的远控口接一远控溢流阀2，则可由阀1、阀2各调定一种低压，但要注意，阀2的调定压力值一定要低于阀1的调定压力值。

（a）单级减压回路　　　　　　　（b）二级减压回路

图 5-3　减压回路的组成和工作原理图

4. 保压卸压回路的组成和工作原理

图 5-4 所示为用蓄能器压力继电器和实现的保压卸压回路的组成和工作原理图，当 1YA 通电时，三位四通电磁换向阀 1 处于左位工作，液压缸向右运动，最后压紧工件，进油路压力升高至调定值，压力继电器 3 动作使 3YA 通电，二位二通电磁换向阀 2 处于上位工作，使泵卸荷，单向阀自动关闭，液压缸则由蓄能器供油进行保压，当液压缸压力不足时，压力继电器 3 复位使泵重新工作。保压时间的长短取决于蓄能器容量。这种回路用于夹紧工件持续时间较长的系统中，可显著减少功率损耗。

三、任务实施

1."溢流阀主阀阀芯被卡住，发出振动与噪声"故障诊断与维修

图 5-5 所示的压力控制回路中，液压泵为定量泵，三位四通电磁换向阀中位机能为 Y 型，所以，当换向阀处于中位，液压缸停止工作，此时系统不卸荷，液压泵输出的压力油全部由溢流阀溢回油箱。

图 5-4　用压力继电器和蓄能器实现的
保压卸压回路的组成和工作原理图

图 5-5　定量泵压力控制回路图

当系统的压力较低（如 10MPa 以下）时，溢流阀能够正常工作，而当压力升高到时较高（如 12MPa）的时候，系统会发出像吹笛一样的尖叫声，同时压力表的指针也会发生剧烈振动，经检测发现噪声来自溢流阀。

我们将该溢流阀拆下来，进行检查，发现溢流阀主阀阀芯被卡住，无法灵活动作，当系统压力达到一定值时（如 12MPa），就会使主阀阀芯在某一位置激起高频振动，同时引起调压弹簧的强烈振动，从而出现噪声共振。另外，由于高压油不能通过正常的溢流口溢流，而是通过被卡住的溢流口和内泄油道溢回油箱，这股高压油将发出高频率的流体噪声。

这个故障的维修方法：先将溢流阀拆开后，清洗阀芯，使阀芯运动灵活。如果阀芯清洗后，运动还不灵活，可研磨阀芯，使其运动灵活，再按要求进行组装即可。

2. "二级调压回路中压力冲击" 故障诊断与维修

如图 5-1（b）所示二级调压回路中，由溢流阀 2 和溢流阀 4 各调一级压力，且溢流阀 4 的调定压力 p_2 要小于溢流阀 2 的调定压力 p_1。当 p_2 与 p_1 相差较大，压力由 p_1 切换到 p_2 时，由于阀 3 和阀 4 间油路内切换前没压力，阀 3 切换时，溢流阀 2 远控口处的瞬时压力由 p_1 下降到几乎为零后再回升到 p_2，系统便产生较大的冲击。

这个故障的维修方法：将阀 3 和阀 4 交换一个位置，如图 5-6 所示，这样从阀 2 的控制油口到阀 4 的油路里总是充满油，便不会由于切换压力时产生冲击。

图 5-6　二级调压回路冲击

四、知识拓展

1. 压力调整无效故障诊断与维修方法

压力调整无效故障诊断与维修方法如表 5-1 所示。

表 5-1　　　　　　　　　　　　压力调整无效故障诊断与维修方法

序号	故障原因	维修方法
1	进油口和出油口装反，尤其在管式连接上容易出现反装的情况，板式阀也容易在集成块的设计中反装油路，导致调压失效	纠正进油口和出油口装法
2	油液的污染导致压力阀阀芯阻尼孔被污物堵塞，滑阀失去控制作用 （1）对于溢流阀往往表现出，系统上压后立即失压，旋动手轮无法调节压力，或者系统超压，溢流阀不起溢流作用 （2）对于减压阀则表现为出油口压力上不去，油流很少，或者根本不起减压作用	清洗阀芯，畅通阻尼孔，并更换液压油
3	压力阀阀芯配合过紧或被污物卡死	研磨或清洗压力阀阀芯
4	压力阀或回路泄漏	检查密封，拧紧连接件，更换密封圈
5	压力阀弹簧断裂、漏装或弹簧刚度不适合，导致滑阀失去弹簧力的作用，无法调整	更换或补装刚度适合的弹簧

2. 压力波动故障诊断与维修方法

压力波动故障诊断与维修方法如表 5-2 所示。

表 5-2　　　　　　　　　　　　压力波动故障诊断与维修方法

序号	故障原因	维修方法
1	油液的污染导致压力阀阀芯阻尼孔被污物堵塞，滑阀受力移动困难，甚至出现爬行现象，导致油液压力波动	清洗阀芯，畅通阻尼孔，并更换液压油
2	控制阀芯弹簧刚度不够，过软，导致弹簧弯曲变形，无法提供稳定的弹簧力，造成油液压力在平衡弹簧力的过程中发生波动	更换刚度适合的弹簧
3	滑阀表面拉伤、阀孔碰伤、滑阀被污物卡住、滑阀与阀座孔配合过紧，导致滑阀动作不灵活，油液压力波动	清洗、研磨可更换压力阀阀芯
4	锥阀或钢球与阀座配合不良，导致缝隙泄漏，形成油液压力波动	清洗、研磨可更换压力阀阀芯

3. 振动与噪声故障诊断与维修方法

振动与噪声故障诊断与维修方法如表 5-3 所示。

表 5-3　　　　　　　　　　　　振动与噪声故障诊断与维修方法

序号	故障原因	维修方法
1	出油口油路中有空气，容易发生气蚀，产生高频噪声	排净油路中的空气
2	调压螺母（或螺钉）松动	锁紧调压螺母（或螺钉）
3	压力阀弹簧在使用过程中发生弯曲变形，液压力容易引起弹簧自振，当弹簧振动频率与系统振动频率相同时，会出现共振，其原因是控制阀芯弹簧刚度不够	更换刚度适合的弹簧
4	滑阀与阀孔配合过紧或过松都会产生噪声	清洗、研磨可更换压力阀阀芯
5	压力阀的回油路背压过大，导致回油不畅，引起回油管振动，产生噪声	降低压力阀的回油路背压

任务二　　方向回路故障诊断与维修

一、任务分析

方向回路是用来控制进入执行元件液流的接通、关断及改变流动方向，实现工作机构的启动、停止或变换运动方向的液压回路。常见的方向回路有换向回路和锁紧回路等。

本任务的要求是弄清换向回路和锁紧回路的组成和工作原理，学会换向回路和锁紧回路故障诊断与维修方法。

二、相关知识

1. 换向回路的组成和工作原理

执行元件的换向一般可采用各种换向阀来实现，在闭式系统中，可采用双向变量泵控制液流的方向来实现执行元件（液压缸或液压马达）的换向。

（1）用换向阀控制的换向回路的组成和工作原理

图5-7所示为用三位四通电磁换向阀控制的换向回路的组成和工作原理图，当1YA和2YA断电，处于图示位置时，换向阀处于中位工作，各油口全部封闭，相互不通，活塞停止运动；当1YA通电、2YA断电时，换向阀处于左位工作，液压缸左腔进油，液压缸右腔的油流回油箱，活塞向右移动；当1YA断电，2YA通电时，换向阀处于右位工作，液压缸右腔进油，液压缸左腔的油流回油箱，活塞向左移动。

（2）用双向变量泵控制的换向回路的组成和工作原理

图5-8所示为用双向变量泵控制的换向回路的组成和工作原理图，液压缸5的活塞向右运动时，其进油流量大于排油流量，双向变量泵1的吸油侧流量不足，辅助泵2来补充流量；改变双向变量泵1的供油方向，活塞向左运动，排油流量大于进油流量，变量泵1吸油侧多余的油液通过由液压缸5进油侧压力控制的二位二通电磁换向阀4和溢流阀6排回油箱。溢流阀6和溢流阀8既可使活塞向左或向右运动时泵吸油侧有一定的吸入压力，又可使活塞运动平稳。溢流阀7是防止系统过载的安全阀。这种回路适用于压力较高、流量较大的场合。

图5-7　用三位四通电磁换向阀控制
的换向回路的组成和工作原理

1—变量泵；2—辅助泵；3—单向阀；
4—二位二通电磁换向阀；5—液压缸；6、7、8—溢流阀
图5-8　用双向变量泵控制的换向回路的组成和工作原理

2. 锁紧回路的组成和工作原理

锁紧回路的作用是使执行元件能在任意位置上停留，以及在停止工作时，防止在受力的情况下发生移动。

图5-9所示为采用双液控单向阀的锁紧回路的组成和工作原理，在这种回路中液压缸的进、回油路中都串接液控单向阀，活塞可以在行程的任何位置锁紧，其锁紧精度只受液压缸内少量的内泄漏影响，因此，锁紧精度较高。当换向阀处于左位工作时，压力油经液压缸的左腔，同时

将右液控单向阀推开，使液压缸右腔的油经右液控单向阀和换向阀流回油箱；当换向阀处于右位工作时，压力油经液压缸的右腔，同时将左液控单向阀推开，使液压缸左腔的油经左液控单向阀和换向阀流回油箱；当换向阀处于中位工作时或液压泵停止供油时，两个液控单向阀立即关闭，活塞停止运动。

图5-9 采用双液控单向阀的锁紧回路的组成和工作原理

三、任务实施

1. "换向阀选用不当，出现振动和噪声"故障诊断与维修

在如图5-7所示的用三位四通电磁换向阀控制的换向回路中，活塞向左移动时，常会产生噪声，系统还伴随有剧烈振动。

三位四通电磁换向阀处于右位工作时，油液进入有杆腔推动活塞向左移动，而因为$A_1>A_2$，所以无杆的回油会比有杆腔的进油大得多，如果只按液压泵流量选用电磁换向阀的规格，不但压力损失大增，而且阀芯上所受的液压力也会大增，远大于电磁铁的有效吸力而影响换向，导致电磁铁经常烧坏；另一方面，如果与无杆腔相连的管道也是按液压泵的流量选定，液压缸返回行程中，该段管内流速将远大于允许的最大流速，而管道内沿程压力损失与流速的平方成正比，压力损失增加，导致压力急降和管内液流流态变差，出现振动和噪声。

这个故障的维修方法：将该回路中的三位四通电磁换向阀换成较大的规格电磁换向阀，振动和噪声明显降低，但会发现在电磁换向阀处于中位锁紧时，活塞杆的位置会缓慢发生微动，在有外负载的情况下更为明显。引起这种现象的原因：由于换向阀阀芯与阀体孔间有间隙，内部泄漏是不可避免的，加之液压缸也会有一定的泄漏，因此在需要精度要求较高的液压系统可用双液控单向阀组成液压锁紧换向回路，如图5-9所示。

2. "换向无缓冲，引起液压冲击"故障诊断与维修

图5-10（a）所示为采用三位四通电磁换向阀的卸压回路图，该回路的电磁换向阀的中位机能为M型，当换向阀处于中位时，液压泵提供的油液由换向阀中位卸荷，直接流回油箱。在高压、大流量液压系统中，当换向阀发生切换时，系统会出现较大冲击。

出现这种故障的原因：三位换向阀中具有卸荷功能的除了M型以外，还有H型和K型的三位换向阀，这类换向阀组成的卸压回路一般用于低压、小流量的液压系统中。对于高压、大流量的液压系统，当液压泵的出口压力由高压切换到几乎为零压，或由零压迅速切换上升到高压时，必然在换向阀切换时产生液压冲击。同时还由于电磁换向阀切换迅速，无缓冲时间，迫使液压冲击加剧。如图5-10（b）所示，将三位四通电磁换向阀更换成三位四通电液换向阀，由于电液换向阀中的液动阀换向的时间可调，换向有一定的缓冲时间，使液压泵的出口压力上升或下降有个变化过程，提高换向的平稳性，从而避免了明显的压力冲击，回路中单向阀的作用是使液压泵卸荷时仍有一定的压力值（0.2MPa~0.3MPa），供控制油路使用。

四、知识拓展

1. 用换向阀控制的换向回路不换向故障诊断与维修方法

用换向阀控制的换向回路不换向的常见故障与维修方法如表5-4所示。

（a） （b）

图5-10 采用三位四通电磁换向阀的卸压回路图

表5-4 用换向阀控制的换向回路不换向的常见故障与维修方法

序号	故障原因	维修方法
1	液压泵故障	检修或更换液压泵
2	溢流阀故障	检修或更换溢流阀
3	换向阀故障	检修或更换换向阀
4	液压缸或液压马达故障	检修或更换液压缸或液压马达

2. 用双向变量泵控制的换向回路不换向故障诊断与维修方法

用双向变量泵控制的换向回路不换向故障诊断与维修方法如表5-5所示。

表5-5 用双向变量泵控制的换向回路不换向的常见故障与维修方法

序号	故障原因	维修方法
1	溢流阀7故障，系统压力上不去	检修或更换溢流阀7
2	液压缸活塞与活塞杆摩擦阻力大，别劲	调整其配合间隙
3	单向阀故障	检修或更换单向阀
4	液压泵故障	检修或更换液压泵

3. 锁紧回路不可靠锁紧的故障诊断与维修方法

锁紧回路不可靠锁紧的故障诊断与维修方法如表5-6所示。

表5-6 锁紧回路的故障诊断与维修方法

序号	故障原因	维修方法
1	液压缸或液压马达泄漏	检修或更换液压缸或液压马达
2	液压单向阀泄漏	检修或更换液压单向阀
3	管路泄漏	检修或更换管道及管接头
4	换向阀选的不对	更换换向阀

任务三 速度回路故障诊断与维修

一、任务分析

速度回路是通过控制流入执行元件或流出执行元件的流量，使执行元件获得满足工作需要运动速度的回路。它包括调速回路、速度转换回路和增速回路。

本任务的要求弄清调速回路、速度转换回路和增速回路的组成和工作原理，学会调速回路、速度转换回路和增速回路故障诊断与维修方法。

二、相关知识

1. 调速回路的组成和工作原理

调速回路是调节执行元件运动速度的回路。它可分为节流调速回路、容积调速回路和容积节流联合调速回路3种。

（1）节流调速回路的组成和工作原理

节流调速回路是指在定量泵供油液压系统中，用节流阀或调速阀调节执行元件运动速度的调速回路。根据节流阀或调速阀的安装位置不同，可分为进油路节流调速回路、回油路节流调速回路和旁油路节流调速回路3种，它们的组成、工作原理和特点如表5-7所示。

采用节流阀的节流调速回路，速度负载特性都比较"软"，负载变化下的运动平稳性都比较差，回路中的节流阀可用调速阀来代替，由于调速阀本身能在负载变化的条件下保证节流阀进出油口间的压力差基本不变，因而使用调速阀后，节流调速回路的速度负载特性将得到大大改善。

表5-7　　　　　　　　　　　　3种节流调速回路的组成、工作原理和特点

形式　项目	进油路的节流调速回路	回油路节流调速回路	旁油路的节流调速回路
图示			
调速范围	较大	比进油路的稍大些	较小

形式 项目	进油路的节流调速回路	回油路节流调速回路	旁油路的节流调速回路
速度负载特性			
运动平稳性	较差	好	很差
承载能力	最大负载由溢流阀调整压力决定，能够克服的最大负载为常数，不随节流阀通流面积的改变而改变	最大负载由溢流阀调整压力决定，能够克服的最大负载为常数，不随节流阀通流面积的改变而改变	最大承载能力随节流阀通流面积的增大而减小，低速时承载能力差
功率和效率	功率消耗与负载、速度无关，低速轻载时效率低、发热大	功率消耗与负载、速度无关，低速轻载时效率低、发热大	功率消耗随负载增大而增大、效率较进、回油节流调速回路的高、发热小
使用场合	适用于低速、轻载、负载变化不大、速度稳定性要求不高、小功率的液压系统，如车床、镗床、钻床等机床的进给系统和一些辅助运动	适用于功率不大、有负值负载和负载变化较大的情况；或者要求运动平稳性较高的液压系统，如铣床、钻床、平面磨床等	本回路在高速重载下工作时，功率大、效率高，因此它适用于动力较大、速度较高、平稳性要求不高、调速范围小的液压系统，如牛头刨床的主运动传动系统

（2）容积调速回路的组成和工作原理

容积调速回路是利用改变变量泵或变量液压马达的排量来调节执行元件运动速度的调速回路。这种调速回路无溢流损失和节流损失，故效率高、发热少，但低速稳定性较差，变量泵和变量液压马达的结构复杂、成本高，因此适用于高压大流量且对低速稳定性要求不高的大型机床、液压机、工程机械等大功率设备的液压系统。

容积调速回路按油液循环方式的不同，可分为开式和闭式两种。在开式回路中，液压泵从油箱吸油，执行元件的回油直接回到油箱，油箱容积大，油液能得到较充分冷却，但空气和脏物易进入回路。在闭式回路中，液压泵将油输出进入执行元件的进油腔，又从执行元件的回油腔吸油，闭式回路结构紧凑，只需很小的补油箱，但冷却条件差。为了补偿工作中油液的泄漏，一般设补油泵，补油泵的流量为主泵流量的 10%~15%。

容积调速回路按液压泵与执行元件组合方式不同，可分为定量泵—变量液压马达容积调速回路、变量泵—定量液压马达（或液压缸）容积调速回路和变量泵—变量液压马达容积调速回路，它们的组成、工作原理和特点如表 5-8 所示。

表 5-8 几种容积调速回路的组成、工作原理和特点

类型 项目	定量泵—变量 马达调速回路	变量泵—定量马达 （或液压缸）调速回路	变量泵—变量 马达调速回路
图示			
特性曲线			
马达转速（或液压缸速度）n_M	n_M 与液压马达排量 V_M 成反比	n_M 与泵排量 V_P 成正比	在恒转矩段，马达排量 V_M 最大不变，由泵排量 V_P 调节 n_M，采用恒转矩调速；在恒功率段，泵排量 V_P 最大不变，由大到小改变马达的排量 V_M，使马达的转速 n_M 继续升高，采用恒功率调速
马达的转矩 T_M	与液压马达排量 V_M 成正比	恒定	在恒转矩段，马达的转矩 T_M 恒定；在恒功率段，由大到小改变马达的排量 V_M，使马达的转速继续升高，但其输出转矩 T_M 却随之降低
马达的功率 P_M	恒定最大	与泵排量 V_P 成正比	在恒转矩段，马达的功率 P_M 与泵排量 V_P 成正比；在恒功率段，马达的功率 P_M 恒定
功率损失	小	小	小
系统效率	高	高	高
调速范围	小	较大	大
价格	高	高	高
使用场合	调节不方便，很少单独使用	大功率的场合	大功率且调速范围大的场合

（3）容积节流联合调速回路的组成和工作原理

容积节流联合调速回路是用改变变量泵排量和调节调速阀或节流阀流量配合工作来调节执行元件速度的调速回路。这种调速回路无溢流损失，有节流损失，其效率比节流调速回路高，但比容积调速回路的低，采用流量阀调节进入执行元件的流量，克服了变量泵在负荷大、压力高时漏油大，运动速度不平稳的缺点，因此这种回路常用于空载需要快速运动，承载时需要稳定的低速的各种中等功率设备的液压系统中，如组合机床、车床、铣床等设备的液压系统。它可分为定压式容积节流联合调速回路和变压式容积节流联合调速回路两种，它们的组成、工作原理和特点如表5-9所示。

表5-9　　　　定压式容积节流调速回路和稳流式容积节流调速回路的组成、工作原理和特点

项目　　类型	定压式容积节流调速回路	稳流式容积节流调速回路
图示		
泵的输出压力	自动保持相应的恒定值	泵的输出压力与外负载成正比
泵的输出流量	自动保持相应的恒定值	改变
速度稳定性	好	好
调速范围	较大	较大
承载能力	好	好
发热	较小	小
系统效率	较高	比定压式容积节流联合调速回路效率高
价格	较高	较高
使用场合	这种回路适用于负载变化不大的中、小功率场合	这种回路适用于负载变化大，速度较低的中、小功率场合

（4）3种调速回路的比较和选用

节流调速回路、容积调速回路和容积节流调速回路主要性能比较如表5-10所示。

调速回路的选用原则如下。

① 负载小，且工作中负载变化也小的系统可采用节流阀节流调速回路；在工作中负载变化较大且要求低速稳定性好的系统，宜采用调速阀的节流调速或容积节流调速回路；负载大、运动速度高、油的温升要求小的系统，宜采用容积调速回路。

一般来说，功率在 3kW 以下的液压系统宜采用节流调速回路；3kW~5kW 范围宜采用容积节流调速回路；功率在 5kW 以上的宜采用容积调速回路。

② 处于温度较高的环境下工作，且要求整个液压装置体积小、重量轻的情况，宜采用闭式容积调速回路。

③ 节流调速回路的成本低、功率损失大、效率也低；容积调速回路因变量泵、变量马达的结构较复杂，所以价钱高，但其效率高、功率损失小；而容积节流调速回路则介于两者之间。所以需综合分析选用哪种回路。

表 5-10　　　　　节流调速回路、容积调速回路和容积节流调速回路主要性能比较

回路类 主要性能		节流调速回路					容积调速回路	容积节流调速回路	
		用节流阀			用调速阀			定压式	变压式
		进、回油	旁路	进、回油	旁路				
机械特性	速度稳定性	较差	差	好	好	较好		好	好
	承载能力	较好	较差	好	好	较好		好	好
调速范围		较大	小	较大	较大	大		较大	较大
功率特性	效率	低	较高	低	较高	最高		较高	高
	发热	大	较小	大	较小	最小		较小	小
适用范围		小功率、轻载的中、低压系统				大功率、重载、高速的中、高压系统		中、小功率的中压系统	

2. 速度转换回路的组成和工作原理

速度转换回路是使液压执行机构在一个循环中从一种速度转换成另一种运动速度的速度回路。常用速度转换回路有快慢速转换回路和两种慢速的转换回路两种。

（1）用行程阀控制的快慢速转换回路的组成和工作原理

用行程阀控制的快慢速转换回路的组成和工作原理如图 5-11 所示，在图示位置时，液压油经换向阀 2 进入液压缸 3 左腔，而液压缸 3 右腔的液压油经行程阀 4 和换向阀 2 流回油箱，使活塞快速向右运动。当快速运动到达所需位置时，活塞上挡块压下行程阀 4，将其通路关闭，这时液压缸 3 右腔的回油就必须经过调速阀 6 流回油箱，活塞的运动转换为工作进给运动（简称工进）。当操纵换向阀 2 使活塞变向后，压力油可经换向阀 2 和单向阀 5 进入液压缸 3 右腔，其左腔的油直接回油箱，使活塞快速向左退回。

在这种速度转换回路中，因为行程阀的通油路是由液压缸

图 5-11　用行程阀控制的快慢速转换回路的组成和工作原理图

活塞的行程控制阀芯移动而逐渐关闭的，所以转换时的位置精度高，冲出量小，运动速度的变换也比较平稳。这种回路在机床液压系统中应用较多，它的缺点是行程阀的安装位置受一定限制，所以有时管路连接稍复杂。

（2）两种慢速的转换回路的组成和工作原理

常见的两种慢速的转换回路有两个调速阀串联的速度转换回路和两个调速阀并联的速度转换回路两种。

① 两个调速阀串联的速度转换回路的组成和工作原理

两个调速阀串联的速度转换回路的组成和工作原理如图5-12所示，在图示位置时，液压泵输出的压力油经调速阀2和电磁阀4左位进入液压缸，这时的流量由调速阀2控制，当需要第二种工作进给速度时，电磁阀4通电，其右位接入回路，电磁阀4不能通油，则液压泵输出的压力油先经调速阀2，再经调速阀3进入液压缸，这时的流量应由调速阀3控制，回路中调速阀3的节流口应调得比调速阀2小，否则调速阀3速度转换回路将不起作用。这种回路在工作时调速阀2一直工作，它限制着进入液压缸或调速阀3的流量，因此在速度转换时不会使液压缸产生前冲现象，转换平稳性较好。在调速阀3工作时，油液需经两个调速阀，故能量损失较大，系统发热也较大。

② 两个调速阀并联的速度转换回路的组成和工作原理

两个调速阀并联的速度转换回路的组成和工作原理如图5-13所示，在这种回路中，两个调速阀可以独立地调节各自的流量，互不影响，但一个调速器工作时，另一个调速器内无油通过，它的减压阀不起减压作用而处于最大开度状态，当速度切换时，在减压阀阀口还未来得及关小时，已有大量油液通过阀口而进入液压缸，从而使工作部件出现突然前冲现象，速度换接不平稳。因此它不适合用在工作过程中实现速度换接，只可用在速度预选的场合。

图 5-12 两个调速阀串联的速度转换回路的工作原理图　图 5-13 两个调速阀并联的速度转换回路的工作原理图

3. 增速回路的组成和工作原理

增速回路又称快速运动回路，它是一种使执行元件获得必要的高速，以提高系统的工作效率的速度回路。常用的增速回路有双泵供油的增速回路和液压缸差动连接的增速回路两种。

（1）双泵供油的增速回路的组成和工作原理

双泵供油的增速回路的组成和工作原理如图5-14所示，回路中高压小流量泵10与低压大流量泵 1 并联构成双泵供油回路。液压缸快速运动时，由于系统压力低，液控顺序阀 2 处于关闭状态，单向阀 3 打开，泵 1 与泵 10 同时向系统供油，实现快速运动；液压缸工作进给时，负载增大，系统压力升高，使液控顺序阀 2 打开，泵 1 卸荷，这时单向阀 3 关闭，系统由小流量泵 10 单独供油，实现慢速运动。

双泵供油的增速回路功率利用合理、效率高，并且速度换接较平稳，在快、慢速度相差较大的液压系统中应用很广泛，缺点是要用一个双联泵，油路系统也稍复杂。

（2）液压缸差动连接的增速回路的组成和工作原理

液压缸差动连接的增速回路的组成和工作原理如图 5-15 所示，当 1YA 通电，3YA 断电时，换向阀 1 和 3 处于左位工作，液压缸形成差动连接，实现快运动；当 1YA 通电，3YA 通电时，换向阀 1 处于左位工作，而换向阀 3 处于右位工作，液压缸的差动连接被切断，液压缸回油经过调速阀 2，流回油箱，实现工进；当 1YA 断电，2YA、3YA 通电时，换向阀 1 处于右位工作，而换向阀 3 处于右位工作，液压缸快速退回。

这种增速回路结构简单、价格低廉、应用普遍，但要注意此回路的阀和管道应按差动连接时的较大流量选用，否则压力损失过大，使溢流阀在快进时也开启，则无法实现差动。

图 5-14　双泵供油增速回路的组成和工作原理图　　　图 5-15　液压缸差动连接增速回路的组成和工作原理图

三、任务实施

1. "节流阀前后压差小致使液压缸速度不稳定"故障诊断与维修

图 5-16 所示为节流调速回路简图，换向阀采用电磁换向阀，溢流阀的调节压力比液压缸工作压力高 0.3MPa，在工作过程中常开，起定压与溢流作用。液压缸推动负载运动时，运动速度达不到调定值。

引起这一故障的原因是溢流阀调节压力较低。在进油路节流调速回路中，液压缸的运动是通过节流阀的流量决定的，通过节流阀的流量又取决于节流阀的过流断面的横截面积和节流阀前后压差，这个压力差达 0.2MPa~0.3MPa，再调节节流阀就能使通过节流阀的流量稳定。在上述回路中，油液通过节流阀前后的压力差为 0.2MPa，这样就造成节流阀前后压力差低于允许值，通过节流阀的流量就达不到设计要求的值，为保证液压缸的运动速度，需要提高溢流阀的调节压力到 0.5MPa~0.8MPa。

需要指出的是，在使用调速阀时，同样需要保证调速阀前后的压力差在 0.5MPa～0.8MPa 范围内，若小于 0.5MPa，调速阀的流量很可能会受外负载的影响，随外负载的变化而变化。

2. "系统中进了空气，机床工作台爬行"故障诊断与维修

图 5-17 所示为磨床工作台进给液压调速回路图，采用出口节流调速回路，在工作过程中当速度降到一定值时，工作台速度会产生周期性变化，甚至时动时停，即工作台相对于床身导轨做黏着滑动交替的运动，也就是我们所说的"爬行"，检查油箱内油液表面出现大量针状气泡，压力表显示系统存在小范围的压力波动。

图 5-16　节流调速回路简图　　　　图 5-17　磨床工作台进给液压调速回路图

液压传动以液压油为工作介质，当空气进入液压系统后，一部分溶解于压力油中，另一部分形成气泡浮游在压力油里，由于工作台的液压缸位于所有液压元件的最高处，空气极易集聚在这里，因此会直接影响到工作台的平稳性，产生爬行现象。

当采用适当措施排除了系统中的空气后，液面的针状气泡消失，压力表波动减小，但全行程的爬行现象变成了不规则的间断爬行。引起这种现象的原因：当工作台低速运动时，节流阀的通流面积极小，油中杂质及污物极易聚集在这里，液流速度高，引起发热，将油析出的沥青等杂物黏附在节流口处，致使通过节流阀的流量减小；同时，因节流口压力差增大，将杂质从节流口处冲走，使通过节流口的流量又增加，如此反复，致使工作台出现间歇性的跳跃，还应当指出的是，在同样速度要求下，回油路节流调速回路中节流阀的通流面积要调得比进油路节流调速回路中节流阀的小，因此低速时前者的节流阀更容易堵塞，产生爬行现象。

四、知识拓展

1. 执行元件爬行故障诊断与维修方法

执行元件爬行故障诊断与维修方法如表 5-11 所示。

表 5-11　　　　　　　　　　执行元件爬行故障诊断与维修

序号	故障原因	维修方法
1	液压系统中进了空气	排净液压系统中的空气
2	液压泵流量脉动大，溢流阀振动造成系统压力脉动，引起液压缸或液压马达速度变化	检修或更换液压泵或溢流阀

续表

序号	故障原因	维修方法
3	节流阀或调速阀阀口堵塞，系统泄漏不稳定	清洗节流阀或调速阀阀口
4	调速阀中减压阀阀芯不灵活造成流量不稳定而引起爬行	清洗或研磨调速阀中减压阀阀芯，使其运动灵活
5	在进油路的节流调速回路中，无背压或背压不足时，外负载变化时导致执行元件速度变化而引起爬行	在进油路的节流调速回路中，要加背压阀，并使背压阀压力足够
6	活塞杆密封压得过紧	调整活塞杆密封压紧力
7	活塞杆弯曲	校正活塞杆
8	导轨与缸的轴线不平行	校正
9	导轨润滑不良	加强导轨的润滑

2. 负载增加时速度显著下降故障诊断与维修方法

负载增加时速度显著下降故障诊断与维修方法如表 5-12 所示。

表 5-12　　　　　　　　负载增加时速度显著下降故障诊断与维修方法

序号	故障原因	维修方法
1	液压缸（或液压泵）或液压系统中其他元件的泄漏随着负载压力增大而显著增大	检修或更换液压系统相关元件的密封
2	液压油的温度异常升高，其黏度下降，导致泄漏增加	检修冷却器，加强液压系统散热
3	调速阀中减压阀阀芯卡死于打开位置，则负载增加时，通过节流的流量下降	清洗或研磨调速阀中减压阀阀芯，使其运动灵活

3. 无法实现速度转换故障诊断与维修方法

无法实现速度转换故障诊断与维修方法如表 5-13 所示。

表 5-13　　　　　　　无法实现速度转换故障诊断与维修方法

序号	故障原因	维修方法
1	用行程阀控制的快慢速转换回路中单向阀故障	检修或更换单向阀
2	用行程阀控制的快慢速转换回路中行程阀故障	检修或更换行程阀
3	用调速阀控制的慢速转换回路中调速阀故障	检修或更换调速阀
4	用调速阀控制的慢速转换回路中换向阀故障	检修或更换换向阀
5	液压缸或液压马达卡死	检修或更换液压缸或液压马达

4. 无法实现快速运动故障诊断与维修方法

无法实现快速运动故障诊断与维修方法如表 5-14 所示。

表 5-14　　　　　　　　无法实现快速运动故障诊断与维修

序号	故障原因	维修方法
1	双泵供油的增速回路中大流量的液压泵故障，无法工作	检修或更换大流量的液压泵
2	换向阀故障	检修或更换换向阀
3	液压缸或液压马达卡死	检修或更换液压缸或液压马达

任务四　顺序动作回路和同步回路故障诊断与维修

一、任务分析

顺序动作回路是使多执行元件液压系统中的各执行元件按设定顺序进行顺序动作的液压回路，可分为压力控制的顺序动作回路和行程控制的顺序动作回路两大类。

同步回路是使两个或多个执行元件在运动中保持相同速度或位移的回路。

本任务的要求是弄清顺序动作回路和同步回路的组成和工作原理，学会顺序动作回路和同步回路故障诊断与维修方法。

二、相关知识

1. 压力控制的顺序动作回路的组成和工作原理

压力控制的顺序动作回路是用油路中的压力差来控制多个执行元件先后动作的顺序动作回路。常见的有用顺序阀控制的顺序动作回路和用压力继电器控制的顺序动作回路两种。

（1）用顺序阀控制的顺序动作回路的组成和工作原理

用顺序阀控制的顺序动作回路的组成和工作原理如图 5-18 所示，这种回路用顺序阀 3 和 4 控制液压缸 1 和 2 实现①、②、③、④工作顺序动作。当 1YA 通电时，电磁换向阀处于左位工作，压力油进入液压缸 1 的左腔，液压缸的右腔中油液经阀 3 中的单向阀流回油箱，此时由于压力较低，顺序阀 4 关闭，缸 1 的活塞先向右移动，实现动作①；当液压缸 1 的活塞运动至终点时，油压升高，达到单向顺序阀 4 的调定压力时，顺序阀 4 开启，压力油进入液压缸 2 的左腔，液压缸 2 右腔中油液流回油箱，缸 2 的活塞向右移动，实现动作②。当 2YA 通电时，电磁换向阀处于右位工作，此时压力油进入液压缸 2 的右腔，其左腔中的油液

图 5-18　用顺序阀控制的顺序动作
回路的组成和工作原理图

经阀 4 中的单向阀流回油箱,使缸 2 的活塞向左返回,实现动作③;当缸 2 的活塞向左移动到达终点时,压力油升高打开顺序阀 3,再使液压缸 1 的活塞返回,实现动作④。

这种顺序动作回路的可靠性在很大程度上取决于顺序阀的性能及其压力调整值。顺序阀的调整压力应比先动作的液压缸的工作压力高 0.8MPa~1.0MPa,以防止在液压系统压力波动时发生误动作。

（2）用压力继电器控制的顺序动作回路的组成和工作原理

用压力继电器控制的顺序动作回路的组成和工作原理如图 5-19 所示,这种回路用压力继电器 3、4、5、6,控制液压缸 7 和 8 实现①、②、③、④工作顺序动作。

当 1YA 通电时,换向阀 1 左位工作,液压油进入液压缸 7 的左腔,其右腔的油液流回油箱,液压缸 7 的活塞向右移动,实现动作①;当液压缸 7 的活塞向右移动到右端时,缸 7 左腔压力上升,达到压力继电器 3 的调定压力时发出信号,使电磁铁 1YA 断电,3YA 通电,换向阀 2 左位工作,压力油进入缸 8 的左腔,其右腔中油液流回油箱,其活塞右移,实现动作②;当液压缸 8 的活塞向右移动到行程端点时,缸 8 左腔

图 5-19 用压力继电器控制的顺序动作回路的组成和工作原理图

压力上升,达到压力继电器 5 的调定压力时发信号,使电磁铁 3YA 断电,4YA 通电,换向阀 2 右位工作,压力油进入缸 8 的右腔,其左腔的油液流回油箱,其活塞左移,实现动作顺序③;当液压缸 8 的活塞向左移动到行程端点时,缸 8 右腔压力上升,达到压力继电器 6 的调定压力时发信号,使电磁铁 4YA 断电,2YA 通电,换向阀 1 右位工作,缸 7 的活塞向左退回,实现动作④。当缸 7 的活塞向左退回到左端后,缸 7 右端压力上升,达到压力继电器 4 的调定压力时发出信号,使电磁铁 2YA 断电,1YA 通电,换向阀 1 左位工作,压力油进入缸 7 左腔,自动重复上述动作循环,直到按下停止按钮为止。

在这种顺序动作回路中,为了防止压力继电器在前一行程液压缸到达行程端点以前发生误动作,压力继电器的调定值应比前一行程液压缸的最大工作压力高 0.3MPa~0.5MPa,同时,为了能使压力继电器可靠地发出信号,其压力调定值又应比溢流阀的调定压力低 0.3MPa~0.5MPa。

2. 行程控制的顺序动作回路的组成和工作原理

行程控制顺序动作回路常见的有用行程阀控制的顺序动作回路和用行程开关控制的顺序动作回路两种。

（1）用行程阀控制的顺序动作回路的组成和工作原理

用行程阀控制的顺序动作回路的组成和工作原理如图 5-20 所示,这种回路用行程阀 4 及电磁阀 3 控制液压缸 1 和 2 实现①、②、③、④工作顺序动作。

当电磁阀 3 通电时,换向阀左位工作,压力油进入缸 1 左腔,缸 1 右腔中的油液流回油箱,其活塞向右移动,实现动作①;当缸 1 工作部件上的挡块压下行程阀 4 后,换向阀 4 处于上位工作,压力油进入缸 2 的左腔,缸 2 右腔中的油液流回油箱,其活塞向右移动,实现动作②;当电

磁阀 3 断电时（图示位置），压力油进入缸 1 右腔，缸 1 左腔中的回油，其活塞左移，实现动作③；当 1 缸工作部件上的挡块离开行程阀 4，使其下位工作，压力油进入 2 缸右腔，其左腔回油，其活塞左移，实现动作④。

这种回路工作可靠，动作顺序的换接平稳，但改变工作顺序困难，且管路长，压力损失大，不易安装，主要用于专用机械的液压系统中。

（2）用行程开关控制的顺序动作回路的组成和工作原理

采用行程开关和电磁换向阀配合的顺序动作回路的组成和工作原理如图 5-21 所示，这种回路用行程开关控制电磁阀 1、8 控制 2、5 两液压缸实现①、②、③、④工作顺序动作。当电磁阀 1、8 不通电时，2、5 缸均处于中位。

图 5-20　用行程阀控制的顺序动作
回路的组成和工作原理图

操作时首先按动启动按钮，使电磁铁 1YA 得电，压力油进入油缸 2 的左腔，其右腔的油流回油箱，使活塞按箭头①所示方向向右运动，实现动作①；当活塞杆上的挡块压下行程开关 4 后，通过电气上的连锁使 1YA 断电，3YA 得电，油缸 2 的活塞停止运动，压力油进入油缸 5 的左腔，使其按箭头②所示的方向向右运动，实现动作②；当活塞杆上的挡块压下行程开关 7，使 3YA 断电，2YA 得电，压力油进入缸 2 的右腔，使其活塞按箭头③所示的方向向左运动，实现动作③；当活塞杆上的挡块压下行程开关 3，使 2YA 断电，4YA 得电，压力油进入油缸 4 右腔，使其活塞按箭头④的方向返回，实现动作④。当挡块压下行程开关 6 时，4YA 断电，活塞停止运动，至此完成一个工作循环。

图 5-21　用行程开关控制的顺序动作回路的组成和工作原理图

这种回路的优点是控制灵活方便、动作顺序更换容易、液压系统简单、易实现自动控制。但顺序转换时有冲击，位置精度与工作部件的速度和质量有关，而可靠性则由电气元件的质量决定。

3. 同步回路的组成和工作原理

常见的同步回路有用调速阀控制的同步回路、用等量分流阀控制的同步回路、液压缸串联或并联的同步回路和带补偿装置的串联液压缸的同步回路等。

（1）用调速阀控制的同步回路的组成和工作原理

采用调速阀的单向同步回路的组成和工作原理如图 5-22 所示，两个液压缸是并联的，在它们的进（回）油路上，分别串接一个调速阀，仔细调节两个调速阀的开口大小，便可控制或调节进入或自两个液压缸流出的流量，使两个液压缸在一个运动方向上实现同步，即单向同步。这种同步回路结构简单，但是两个调速阀的调节比较麻烦，而且还受油温、泄漏等的影响，故同步精度不高，不宜用在偏载或负载变化频繁的场合。

（2）带补偿装置的串联液压缸的同步回路的组成和工作原理

带有补偿装置的两个液压缸串联的同步回路的组成和工作原理如图 5-23 所示，当两缸同时下行时，若缸 5 活塞先到达行程端点，则挡块压下行程开关 4，电磁铁 1YA 得电，换向阀 3 左位投入工作，压力油经换向阀 3 和液控单向阀 6 进入缸 7 上腔，进行补油，使其活塞继续下行到达行程端点。如果缸 7 活塞先到达端点，行程开关 8 使电磁铁 2YA 得电，换向阀 3 右位投入工作，压力油进入液控单向阀控制腔，打开阀 6，缸 5 下腔与油箱接通，使其活塞继续下行达到行程端点，从而消除累积误差。这种回路允许较大偏载，偏载所造成的压差不影响流量的改变，只会导致微小的压缩和泄漏，因此同步精度较高，回路效率也较高。

图 5-22　用调速阀控制的单向同步
回路的组成和工作原理图

图 5-23　带补偿装置的串联液压缸的
同步回路的组成和工作原理图

（3）用等量分流阀控制的同步回路的组成和工作原理

用等量分流阀的同步回路的组成和工作原理如图 5-24 所示，这种回路同步精度较高，能承受变动负载和偏载。当换向阀左位工作时，压力为 p_Y 的油液经两个尺寸完全相同节流孔 4 和 5 及分流阀上 a、b 处两个可变节流孔进入缸 1 和缸 2，两缸活塞前进。当分流阀的滑轴 3 处于某一平衡位置时，滑轴两端压力相等，即 $p_1 = p_2$，节流孔 4 和节流孔 5 上的压力降相等，则进入缸 1 和缸 2 的流量相等；缸 1 的负荷增加时，p_1' 上升，滑轴 3 右移，a 处节流孔加大，b 处节流孔变小，使压力 p_1 下降，p_2 上升；当滑轴 3 移到某一平衡位置时，p_1 又重新和 p_2 相等，滑轴 3 不再移动，两缸保持速度同步，但 a、b 处开口大小和开始时是不同的，活塞后退，液压油经单向阀 6 和单向阀 7 流回油箱。

图 5-24 用等量分流阀控制的同步回路的组成和工作原理图

三、任务实施

1. "用顺序阀控制的顺序动作回路无法实现顺序动作"故障诊断与维修

图 5-18 所示为用顺序阀控制的顺序动作回路的组成和工作原理图，这类回路产生不顺序动作的故障的主要原因是顺序阀的压力调整值不当或其性能故障。

当顺序阀压力调节不当时，就会出现这类故障，维修时，要将顺序阀 3 和 4 的压力调整好，后动的阀 4 的调节压力应比缸 1 的工作压力调高 0.8MPa~1MPa，阀 3 的调节压力应比缸 2 的后退动作③的工作压力调高 0.8MPa~1MPa，以免系统中的工作压力波动使顺序阀出现误动作。

当顺序阀 3 和 4 本身出现故障，也会导致顺序动作回路无法实现顺序动作，这类故障通过检修或更换顺序阀即可排除。

值得注意的是，往往要在系统最高压力即溢流阀设定的最大压力已经确定的情况下，有时已无法再调高或安排各顺序阀的设定压力，此时宜改用行程控制方式来实现顺序动作。

2. "用压力继电器控制的顺序动作回路无法实现顺序动作"故障诊断与维修

图 5-19 所示为用压力继电器控制的顺序动作回路的组成和工作原理图，这类回路产生不顺序动作的故障的原因是压力继电器的压力调节不当或压力继电器本身故障。

如果确定这类故障是因为压力继电器的压力调节不当引起的，只需要将正确调节压力继电器的压力即可。图 5-19 中压力继电器 3，为防止未完成动作①之前应误发信号，压力继电器 3 的调节压力应比 7 的前进负载压力大 0.3MPa~0.5MPa，系统溢流阀的调节压力要大于压力继电器 3 的工作压力，另外其他几个压力继电器的压力也应照此方法正确调节其工作压力。

如果确定这类故障是因为压力继电器的本身发生了故障，应检修或更换有故障的压力继电器。

3. "用行程阀控制的顺序动作回路无法实现顺序动作"故障诊断与维修

图 5-20 所示为用行程阀控制的顺序动作回路的组成和工作原理图，这类回路产生不顺序动作的故障的原因是撞块松动或磨损或行程阀故障。

如果是由于撞块松动或磨损引起的，使压下的行程阀位置不对，而不能改变油路，要检修撞块，使其压下的行程阀位置正确；如果故障是由于行程阀故障引起的，要检修或更换行程阀。

4. "用行程开关控制的顺序动作回路无法实现顺序动作"故障诊断与维修

图 5-21 所示为用行程开关控制的顺序动作回路的组成和工作原理图，这类回路产生不顺序动作的故障是原因行程开关故障、电路故障、换向阀故障、活塞杆上撞块磨损或松动。

如果故障是由于行程开关故障引起的，要检修或更换行程开关。

如果故障是由于电路故障引起的，要检修电路。

如果故障是由于换向阀故障引起的，要检修或更换换向阀。

如果故障是由于活塞杆上撞块磨损或松动引起的，要检修撞块，使其使压下的行程开关位置正确。

5. "用调速阀控制的单向同步回路无法实现同步"故障诊断与维修

图 5-22 所示为用调速阀控制的单向同步回路的组成和工作原理图，这类回路无法实现同步的原因如下。

① 液压油的清洁度影响，导致两调速阀节流小孔的局部阻塞情况各异和调速阀中减压阀的动作迟滞程度不一，影响输入缸的流量不一，产生不同步。

② 受两液压缸负载变化差异的影响最大，负载的不同变化导致液压缸工作压力的变化，进而影响到液压缸泄漏量的不同和流量阀进出口压力差的变化，使液压缸的流量发生变化而导致不同步。

③ 调速阀受油温变化影响，造成进入液压缸的流量差异。

④ 两调速阀因制造精度和灵敏度差异以及其他差异导致输出流量不一致。

维修方法如下。

① 加强油污管理，增设滤油器，必要时换油。

② 避免在负载差异和变化频繁的情况下采用这种同步回路。

③ 要控制油温，并采用带温度补偿的调速阀。

④ 要提高调速阀的制造精度，所选用的调速阀性能尽可能一致，调速阀尽量安装得靠近液压缸。

四、知识拓展

在一泵多执行的液压系统中，往往由于其中一个执行元件快速运动时，会造成系统的压力下降，影响其他执行元件工作进给的稳定性。因此，在工作进给要求比较稳定的多执行元件液压系统中，必须采用快慢速互不干涉回路。

图 5-25 所示为双泵供油互不干扰回路的组成和工作原理图，各液压缸分别要完成快进、工作进给和快速退回的自动循环。回路采用双泵的供油系统，泵 1 为高压小流量泵，供给各缸工作进给所需的压力油；泵 12 为低压大流量泵，为各缸快进或快退时输送低压油，它们的压力分别由溢流阀 2 和 11 调定。当电磁铁 3YA、4YA 通电时，阀 5、8 处于左位工作，两缸都由大泵 12 供油供差动快进，小泵 1 供油在阀 5、8 处被堵截。假设缸 6 先完成快进，使 1YA 通电、3YA 断电，

而4YA仍通电，此时大泵12对缸6的进油路被切断，而小泵1的进油路打开，缸6由调速阀3调速做工作进给，缸7仍做快进，互不影响。当各缸都转为工进后，它们全由小泵1供油。此后如果缸6又先完成工进，行程开关使1YA通电、3YA通电，缸6即由大泵12供油快退。当所有电磁铁都断时，各缸都停止运动，并被锁于所在位置上。

图 5-25　双泵供油互不干扰回路的组成和工作原理图

习　题

1. 调压回路的作用是什么，它有哪几种类型？
2. 简述用压力继电器和蓄能器实现的保压回路是如何保压的。
3. 简述"换向阀选用不当，出现振动和噪声"故障诊断与维修方法。
4. 调速回路有哪几种？
5. 如何选用调速回路？
6. 简述顺序动作回路的作用和种类。
7. 简述同步回路的作用和种类。
8. 简述"用顺序阀控制的顺序动作回路无法实现顺序动作"故障诊断与维修方法。
9. 简述"用调速阀控制的单向同步回路无法实现同步"故障诊断与维修方法。

项目六
液压传动系统故障诊断与维修

液压传动系统在工作中发生故障是难免的，但决不会突然发生，因为无论是元件磨损、性能下降，还是寿命缩短等都是逐渐发生、发展的，而且在故障发生过程中，总会伴有一些征兆，如温升、振动、噪声等，待发展到一定程度，才会形成故障。如果这些征兆能及时被发现并加以控制或排除，则系统的故障就可相对减少，甚至排除。所以液压系统在其发生故障之前，应进行早期预报，实现先进的"状态维修"使液压设备随时处于良好状态，保证安全生产。

任务一　液压传动系统常见故障诊断与维修

一、任务分析

本任务的要求是学会对液压传动系统压力失控、速度失控、动作失控、温度异常升高、异常振动与噪声及系统泄漏等常见故障进行诊断和维修。

二、相关知识

1. 液压传动系统发生故障的主要原因

液压传动系统发生故障，主要是构成回路的元件本身产生的动作不良和系统回路的相互干涉，以及某元件单体异常动作而造成的。在液压元件故障中，液压泵的故障率最高，约占液压元件故障率的30%，所以要引起足够的重视。另外，由于工作介质选用不当和管理不善而造成的液压系统故障也非常多。在液压系统的全部故障中约有70%～80%是由液压油的污染物引起的，而在液压油引起的故障中约有90%是杂质造成的。杂质对液压系统十分有害，它能加剧元件磨损、泄漏增加、性能下降、寿命缩短，甚至导致元件损坏和系统失灵。

液压传动系统发生故障有些是渐发的，如设备年久失修、零件磨损、腐蚀和疲劳及密封件老化等；有些是突发性故障，如元件因异物突然卡死、动作失灵所引起的；也有些故障是综合因素所致，如元件规格选择、配置不合理等，因安装、调整及设定不当等；也有些是因机械、电气以及外界因素影响而引起的。以上这些因素都给液压系统故障诊断增加了难度。另外，由于系统中各个液压元件的动作是相互影响的，所以一个故障排除了，往往还会出现另一个故障，因此，在检查、分析、排除故障时，必须注意液压系统的密封性。

2. 液压传动系统故障诊断步骤

近年来，随着设备管理水平的不断提高，在设备维修部门开始采用状态监测技术，用以预防设备故障的发生，给设备维修提供了可靠依据，可以在液压系统运行中或基本不拆卸零件的情况下，了解和掌握系统运行情况，判断故障的部位和原因，并能预测出液压系统未来的技术状态。液压系统故障诊断的方法有多种，但一般按以下步骤进行。

① 熟悉性能和资料。在查找故障之前，首先要了解设备的性能，仔细研究弄清液压原理图。不但要弄清各元件的性能和在系统中的作用，还要弄清它们之间的相互联系以及型号、生产厂家和出厂日期等。

② 现场调查、了解情况。要向操作者询问设备发生故障前后的状况、大概部位和故障现象。如果还能动作，应亲自启动设备，查找故障部位并观察液压系统的压力变化和工作情况，检查是否漏油、有无异常噪声和振动等。

③ 归纳分析、排除故障。将现场观察到的情况，以及操作者提供的线索和原始记录，进行综合分析，查明故障原因。目前，排查液压系统故障大致有两种方法，即顺向分析法和逆向分析法。顺向分析法是从引起故障的各种原因出发，逐个分析各种原因对液压系统故障的影响。顺向分析法对预测和监测液压系统故障具有重要作用。逆向分析法是从液压系统故障的结果出发，向引起液压系统故障的原因进行分析。它能准确地判断出故障的部位，然后拟定排故方案并组织实施。

④ 总结经验。将本次发生故障的现象、部位和排除方法归入设备档案，作为原始资料存档，积累设备维修工作经验。

3. 液压传动系统故障诊断方法

液压系统故障的诊断方法很多，如感官诊断法、对换诊断法、仪表测量检查法、基于信号处理与建模分析法、基于人工智能的诊断方法等。

（1）感官诊断法

感官诊断法是直接通过维修人员的感觉器官去检查、识别和判断液压系统故障部位、现象和性质，然后依靠维修人员的经验做出判断和处理的一种方法。对于一些较为简单的故障，可以通过眼看、手摸、耳听和嗅闻等手段对零部件进行检查。

① 视觉诊断法，是用眼睛来观察液压系统工作情况，观察液压系统各测压点的压力值、温度变化情况，检查油液是否清洁、油量是否充足的办法。观察液压阀及管路接头处、液压缸端盖处、液压泵传动轴处等是否有漏油现象。观察从设备加工出的产品及所进行的性能试验，鉴别运动机构的工作状态、系统压力和流量的稳定性以及电磁阀的工作状态等。

② 听觉诊断法，是用耳朵来判断液压系统或元件的工作是否正常等所使用的办法。听液压泵和液压系统噪声是否过大；听溢流阀等元件是否有异常声音；听工作台换向时冲击声是否过大；听活塞是否有冲撞液压缸底的声音等。

③ 触觉诊断法，是用手触摸运动部件的温度和工作状态，用手触摸液压泵外壳、油箱外壁和阀体外壳的温度以判断系统工作情况的办法。若手指触摸感觉较凉时，说明所触摸件温度为 $5℃～10℃$；若手指触摸感觉暖而不烫时，说明所触摸件温度为 $20℃～30℃$；若手指触摸感觉热而烫但能忍受时，说明所触摸件温度为 $40℃～50℃$；若手指触摸感觉烫并只能忍受 $2s～3s$ 时，说明所触摸件温度为 $50℃～60℃$；若手指触摸感觉烫并急速缩回时，说明所触摸件温度约为 $70℃$ 以上；如果超过 $60℃$ 以上就应查明原因。

用手触摸运动部件和油管，感觉有无明显振动。一般用食指、中指、无名指一起接触振动体，以判断其共振情况，若手指略有微弱振动感时，说明该振动为微弱振动；用手指有波颤抖振动感时，说明该振动为一般振动；若手指有颤抖振动感时，说明该振动为中等振动；若手指有跳抖振动感时，说明该振动为强振动。用手指摸油管，可判断管内有无油流动。若手指没有任何振动感，说明该管内无油流动；若手指有不间断的连续微振动感，说明该管内有压力油流动；若手指有无规则振颤感，说明该管内有少量油流动。用手摸工作台，可判断其慢速移动时有无爬行现象。用手摸挡铁、微动开关等控制元件，可判断其紧固螺钉的松紧程度。

④ 嗅觉诊断法，是用鼻子闻液压油是否有异味以判断系统工作情况。若闻到液压油局部有焦臭味，说明液压泵等液压元件局部发热，导致液压油被烤焦冒烟，据此可判断其发热部位。闻液压油是否有恶臭味或刺鼻的辣味，若有，说明液压油已严重污染，不能再继续使用。

（2）对换诊断法

在维修现场缺乏诊断仪器或被查元件比较精密不宜拆开时，应采用此法。先将怀疑出现故障的元件拆下，换上新件或其他机器上工作正常、同型号的元件进行试验，看故障能否排除即可做出诊断。如某一液压系统工作压力不正常，根据经验怀疑是主安全阀出了故障，遂将现场同一型号的挖掘机上的主安全阀与该安全阀进行了对换，试机时工作正常，证实怀疑正确。用对换诊断法检查故障，尽管受到结构、现场元件储存或拆卸不便等因素的限制，操作起来也可能比较麻烦，但对于如平衡阀、溢流阀、单向阀之类的体积小、易拆装的元件，采用此法还是较方便的。对换诊断法可以避免因盲目拆卸而导致液压元件的性能降低。对上述故障如果不用对换法检查，而直接拆下可疑的主安全阀并对其进行拆解，若该元件无问题，装复后有可能会影响其性能。

（3）仪表测量检查法

仪表测量检查法就是借助对液压系统各部分液压油的压力、流量和油温的测量来判断该系统的故障点的方法。在一般的现场检测中，由于液压系统的故障往往表现为压力不足，容易被察觉；而流量的检测则比较困难，流量的大小只可通过执行元件动作的快慢做出粗略的判断。因此，在现场检测中，更多地采用检测系统压力的方法。

（4）基于信号处理与建模分析法

基于信号处理与建模分析的诊断法实质是以传感器技术和动态测试技术为手段，以信号处理和建模为基础的诊断技术。它主要包括基于信号处理的方法、基于状态估计的方法、基于参数估计的方法等。

（5）基于人工智能的诊断方法

液压故障的多样性、突发性、成因的复杂性和进行故障诊断所需要的知识对领域专家实践经验和诊断策略的依赖，使研制智能化的液压故障诊断系统成为当前的趋势。智能诊断技术在知识层次上实现了辩证逻辑与数理逻辑的集成、符号逻辑与数值处理的统一、推理过程与算法过程的统一、知识库与数据库的交互等功能，为构建智能化的液压故障诊断系统提供了坚实的基础。目前，基于智能技术的故障诊断法主要有：基于神经网络的诊断法、基于专家系统的诊断法、基于模糊逻辑的诊断法等。

基于神经网络的诊断法利用神经网络具有非线性和自学习以及并行计算能力，使其在液压系统故障诊断方面具有很大的优势。其具体应用方式有：从模式识别角度应用神经网络作为分类器进行液压系统故障诊断；从故障预测角度应用神经网络作为动态模型进行液压系统故障预测；从检测故障的角度应用神经网络得到残差进行液压系统故障检测。

基于专家系统的诊断法利用了知识的永久性、共享性和易于编辑等特点，被广泛应用于液压系统故障诊断之中。基于专家系统的诊断法，由于知识是显式地表达的，具有很好的解释能力，虽然在知识获取上遇到了发展的"瓶颈"、"窄台阶"等困难，但由于神经网络所具有的容错能力、学习功能、联想记忆功能、分布式并行信息处理较好地解决了这些困难。可见，把专家系统和神经网络互相结合是智能诊断的发展趋势之一。

基于模糊逻辑的诊断法是借助模糊数学中的模糊隶属关系提出的一种新的诊断方法。由于液压系统故障既有确定性的，也有模糊性的，而且这两种不同形式的故障相互交织、密切相连，通过探讨液压系统故障的模糊性，寻找与之相适应的诊断方法，有利于正确描述故障的真实状态，揭示其本质特征。

三、任务实施

1. "液压传动系统压力失控"故障诊断与维修

液压传动系统压力失控是最为常见的故障，它主要表现为系统无压力、压力不可调、压力波动以及卸荷失控等。

（1）"系统无压力"故障诊断与维修

① 设备在运行过程中，系统突然压力下降至零并无法调节。发生这种故障多数情况是调压系统本身的问题。发生这种故障可能的原因：溢流阀阻尼孔被堵住；溢流阀的密封端面上存在异物；溢流阀主阀阀芯在开启位置卡死；卸荷换向阀的电磁铁烧坏，电线断掉或电信号未发出；对于比例溢流阀还有可能是电控制信号中断造成。

维修方法：清洗或更换溢流阀，检修或更换卸荷换向阀，检修或更换比例溢流阀。

② 设备在停开一段时间后，重新启动，压力为零。发生这种故障可能的原因：溢流阀在开启位置锈结，液压泵电动机反转，液压泵因滤油器阻塞或吸油管漏气吸不上来油。维修方法：清洗或更换溢流阀；检修电动机接线；检查滤油器和吸油管。

③ 设备经检修元件装拆更换后出现压力为零现象。发生这种故障可能的原因：液压泵未装紧，不能形成工作容积；液压泵内未装油，不能形成密封油膜；换向阀阀芯装反，如果系统中装有 M 型中位的换向阀，一旦装反，便使系统泄压。

维修方法：装紧或检修液压泵；正确安装换向阀阀芯。

（2）"系统压力升不高，且调节无效"故障诊断与维修

"系统压力升不高，且调节无效"故障一般由内泄漏引起，主要原因：① 液压泵磨损，形成间隙，系统压力调不上去，同时也使输出流量下降；② 溢流阀主阀阀芯与配合面磨损，使溢流阀的控制压力下降，引起系统下降；③ 液压缸或液压马达磨损或密封损坏，使系统下降或保持不住原来的压力，如果系统中存在多个执行元件，某一执行元件动作压力不正常，其他执行元件压力正常，则表明此执行元件有问题；④ 系统中有关阀、阀板存在缝隙，会形成泄漏，也会使系统压力下降。

维修方法：① 检修或更换液压泵；② 检修或更换液压缸或液压马达；③ 检修或更换有关阀、阀板。

（3）"系统压力居高不下，且调节无效"故障诊断与维修

"系统压力居高不下，且调节无效"故障的原因一般是由溢流阀失灵引起的。当溢流阀主阀阀芯在关闭位置上被卡死或锈结住，必然会出现系统压力上升且无法调节的症状。当溢流阀的先导阀油路被堵死时，控制压力剧增，系统压力也会突然升高。

维修方法：清洗、检修或更换溢流阀。

（4）"系统压力波动"故障诊断与维修

"系统压力波动"故障原因：① 液压油内混入了空气，系统压力较高时气泡破裂，引起系统压力波动；② 液压泵磨损，引起系统压力波动；导轨安装及润滑不良，引起负载不均，进而引起压力波动；③ 溢流阀磨损，内泄漏严重；④ 溢流阀内混入异物，其内部状态不确定，引起压力不稳定。

维修方法：① 排净系统中的空气；② 检修或更换液压泵；③ 重新安装导轨，加强润滑；④ 检修或更换溢流阀。

（5）"卸荷失控"故障诊断与维修

对于通过溢流阀卸荷的液压系统，"卸荷失控"故障的主要症状是卸荷压力不为零，引起这类故障的原因：溢流阀主弹簧预压缩量太大，弹簧过长或主阀芯卡滞等都会造成卸荷不彻底。

维修方法：检修或更换溢流阀。

2. "速度失控" 故障诊断与维修

液压系统的速度失控主要表现在爬行、速度慢、速度不可调、速度不稳等。

（1）"爬行"故障诊断与维修

爬行是液压传动系统执行元件在低速运动时产生时断时续的运动现象，它是液压系统较常见的问题。引起这种故障的原因：① 油内混入了空气，引起执行元件动作迟缓，反应滞后；② 压力调得过低、或调不高、或漂移下降时，同时负载加上各种阻力的总和与液压力大致相当，执行元件表现为似动非动；③ 系统内压力与流量过大的波动引起执行元件运动不均；④ 液压系统磨损严重，工作压力增高则引起内泄漏显著增大，执行元件在未带负载时运动速度正常，一旦带负载，速度立即下降；⑤ 导轨与液压缸运动方向不平行，或导轨拉毛，润滑条件差，阻力大，使液压缸运动困难且不稳定；⑥ 电路失常也会引起执行元件运动状态不良。

维修方法：① 排除液压油中的空气；② 将系统压力调至合适的值；③ 使系统内压力与流量过大的波动在合理范围；④ 检修或更换过度磨损的元件；⑤ 检修导轨和液压缸；⑥ 检修相关电路。

（2）"速度不可调"故障诊断与维修

"速度不可调"故障的原因是节流阀或调速阀故障。

维修方法：检修或更换节流阀或调速阀。

（3）"速度不稳定"故障诊断与维修

"速度不稳定"故障原因：① 液压系统混入空气后，在高压下气体受压缩，当负载解除之后系统压力下降，压缩气体急速膨胀，使液压执行元件速度剧增；② 节流阀的节流口有一个低速稳定性的问题，这与节流口结构形式、液压油污染等相关；③ 温度的变化，引起泄漏量的变化，致使供给负载的流量变化，这与温度变化引起系统压力变化的情形相似。

维修方法：① 排净系统中的空气；② 更换合适的节流阀；③ 加强系统散热。

（4）"速度慢"的故障诊断与维修

"速度慢"故障主要原因：① 液压泵磨损，容积效率下降；② 换向阀磨损，产生内泄漏；③ 溢流阀调节压力过低，使大量的油经溢流阀流回油箱；④ 执行元件磨损，产生内泄漏；⑤ 系统中存在未被发现的泄漏口；⑥ 串联在回路中的节流阀或调速阀未充分打开；⑦ 油路不畅通；⑧ 系统的负载过大，难以推动。

维修方法：① 检修或更换液压泵；② 检修或更换换向阀；③ 将溢流阀压力调到合适的值；④ 检修或更换磨损过度的执行元件；⑤ 要堵住泄漏口；⑥ 要充分打开串联在回路中的节流阀或调速阀；⑦ 畅通油路；⑧ 将系统的负载减到合理的范围。

3. "动作失控" 故障诊断与维修

液压系统执行元件的动作失控主要表现在不能按设定的秩序起始动作与结束动作、出现意外动作及动作不平稳等。

（1）"不能按设定的秩序起始动作"故障诊断与维修

"不能按设定的秩序起始动作"故障的是由换向阀没有正常开启引起的。可能的原因：① 换向阀阀芯卡死；② 换向阀顶杆弯曲；③ 换向阀电磁铁烧坏；④ 电线松脱；⑤ 控制继电器失灵，使电信号不能正常传递，以及电路方面的其他原因使电信号中断；⑥ 操作不当，有的开关与按钮没有处在正确的位置便会切断控制信号；⑦ 串联在回路中的节流阀、调速阀卡死，无法实现正常动作，油液通道中任何一处出现意外堵塞，便不能正常启动；⑧ 由于其他原因，液压动力源不能由泄卸状态转入工作状态，也不能正常推动执行元件运动；⑨ 当负载部分出现故障，无法推动的情况也是偶有出现的。

维修方法：① 检修或更换换向阀；② 检修或更换换向阀顶杆；③ 检修或更换换向阀电磁铁；④ 重新连接好松脱的电线；⑤ 检修或更换有问题的继电器；⑥ 正确操作系统中的开关与按钮；⑦ 检修或更换节流阀或调速阀；⑧ 查明原因，使液压动力源正常由泄卸状态转入工作状态；⑨ 查明原因，排除负载部分出现的故障。

（2）"不能按设定的秩序结束动作"故障诊断与维修

"不能按设定的秩序结束动作"故障的是由于换向阀没有正常关闭引起的，主要原因：① 换向阀阀芯卡死，不能复位；② 换向阀弹簧折断，阀芯不能复位；③ 换向阀的电信号没有及时消失。

维修方法：① 检修换向阀的阀芯；② 更换换向阀弹簧；③ 检修换向阀电磁铁。

（3）"出现意外动作"故障诊断与维修

"出现意外动作"故障主要有换向阀故障和电信故障引起。主要原因：① 换向阀阀芯装反；② 换向阀严重磨损；③ 换向阀的电信号错误。

维修方法：① 按正确方向重装阀芯；② 更换换向阀；③ 检修换向阀电路。

4. "温度异常升高"故障诊断与维修

"温度异常升高"故障的主要原因：设计不当、制造不当、使用不良和磨损。

（1）因设计不当引起的温度异常升高。① 油箱容量太小，散热面积不够；② 系统中没有卸荷回路，在停止工作时液压泵仍然在高压溢流；③ 油管太细太长，弯曲过多；④ 液压元件选择不当，使压力损失太大。

维修方法：要改进设计。① 油箱容量要足够，散热面积合理；② 系统中要设卸荷回路，液压泵在停止工作时卸荷；③ 油管直径要合理，弯曲不能太多；④ 液压元件选择要合适。

（2）因制造上的问题引起的温度异常升高。如元件加工装配精度不高，相对运动件间摩擦发热过多；或者泄漏严重，容积损失过大。

维修方法：重新装配液压元件，使精度达到要求。

（3）因使用不良引起的温度异常升高。① 液压系统混入了异物引起堵塞，也会引起油温升高；② 环境温度高，冷却条件差，油的黏度太高或太低，调节的功率太高；③ 液压泵内油污染等原因吸不上油引起摩擦，会使泵内产生高温，并传递液压泵的表面；④ 电磁阀没有吸到位，使电流增大，引起电磁铁发热严重，并烧坏电磁铁。

维修方法：① 清洗系统，清除异物；② 降低环境温度，加强散热，选择黏度合适的液压油；③ 清洗液压泵；④ 检修或更换电磁阀。

（4）因液压元件磨损或系统存在泄漏口引起的温度异常升高。① 当液压泵磨损，有大量的泄漏油从排油腔流回吸油腔，引起节流发热，其他元件的情形与此相似；② 液压系统中存在意外泄漏口，造成节流发热也会使油温急剧升高。

维修方法：① 检修或更换液压泵等过度磨损的元件；② 堵住液压系统中的意外泄漏口。

5. "液压系统异常振动与噪声"故障诊断与维修

"液压系统异常振动与噪声"故障原因如下。

（1）液压系统中的振动与噪声常以液压泵、液压马达、液压缸、压力阀为甚，方向阀次之，流量阀再次之。有时表现在泵、阀及管道之间的共振上，有关液压元件产生的振动与噪声可参阅本书相关内容。

（2）液压缸内存在空气产生活塞的振动。

（3）油的流动噪声，回油管的振动。

（4）油箱的共鸣声。

（5）双泵供油回路，在两泵出油口汇流区产生的振动与噪声。

（6）阀换向引起压力急剧变化和产生冲击等产生管道的冲击振动与噪声。

（7）在使用蓄能器的保压压力继电器发信的卸荷回路中，系统中的压力继电器、溢流阀、单向阀等会因压力的频繁变化而引起振动和噪声。

（8）液控单向阀的出口有背压时，往往产生锤击声。

（9）电机振动，轴承磨损引起振动。

（10）液压泵与电机联轴器安装不同心。

（11）液压设备外界振源的影响，包括负载产生的振动。

（12）油箱强度刚度不好，如油箱顶盖板也常是安装"电机—液压泵"装置的底板其厚度太薄，刚性不好，运转时产生振动。

（13）两个或两个以上的阀（如溢流阀与溢流阀、溢流阀与顺序阀等）的弹簧产生共振。

（14）阀弹簧与配管管路的共振：如溢流阀弹簧与先导遥控管（过长）路的共振，压力表内的波登管与其他油管的共振。

（15）阀的弹簧与空气的共振：如溢流阀弹簧与该阀遥控口（主阀弹簧腔）内滞留空气的共振，单向阀与阀内空气的共振等。

维修方法如下。

（1）检修或更换有关液压元件。

（2）排除液压缸内的空气。

（3）更换成合适的回油管。

（4）加厚油箱顶板，补焊加强筋；"电机-液压泵"装置底座下填补一层硬橡胶板或者将"电机-液压泵"装置与油箱相分离。

（5）两泵出油口汇流处，多为紊流，可使汇流处稍微拉开一段距离，汇流时不要两泵出油流向成对向汇流，而是一小于90°的夹角。

（6）选用带阻尼的电液换向阀，并调节换向阀的换向速度。

（7）在使用蓄能器的保压压力继电器发信的卸荷回路中，采用压力继电器与继电器互锁联动电路。

（8）对于液控单向阀出现振动可采用增高液控压力、减少出油口背压以及采用外泄式液控单向阀等措施。

（9）采用平衡电机转子、电机底座下安防振橡皮垫、更换电机轴承等方法进行维修。

（10）安装液压泵与电机联轴器时要确保同心度。

（11）与外界振源隔离或消除外界振源，增强与外负载的连接件刚度。

（12）加厚油箱顶板，补焊加强筋；将"电机-液压泵"装置与油箱相分离。

（13）改变两个共振阀中一个阀的弹簧刚度或使其调节压力适当改变。

（14）采用管夹和适当改变管路长度与粗细等方法，或者在管路中加入一段阻尼。

（15）采用消振器。

6. "系统泄漏"故障诊断与维修

系统泄漏分为内漏和外漏，根据泄漏的程度的油膜刮漏、渗漏、滴漏和喷漏等多种表现形式。油膜刮漏发生在相对运动部件之间，如回转体的滑动副、往复运动副；渗漏发生在端盖阀板接合处；滴漏多发生在管接头等处；喷油多发生在管子破裂漏装密封处。系统泄漏的原因如下。

（1）密封件质量不好、装配不正确而破损、使用日久老化变质、与工作介质不相容等原因造成密封失效。

（2）相对运动副磨损使间隙增大、内泄漏增大，或者配合面拉伤而产生内外泄漏。

（3）油温太高。

（4）系统使用压力过高。

（5）密封部位尺寸设计不正确、加工精度不良、装配不好产生内外泄漏。

维修方法如下。

（1）更换质量好的密封件。

（2）调整相对运动副间隙，使它们的配合间隙在正常值。

（3）加强冷却，使油温维持在合适的温度。

（4）调节系统压力至正常压力。

（5）重新设计、制造和装配密封件。

四、知识拓展

1. 液压系统的安装

液压设备除了应按普通机械设备那样进行安装并注意有关（如固定设备的地基、水平校正等）事项外，由于液压设备有其特殊性，还应注意下列事项。

（1）一般注意事项

① 液压系统的安装应按液压系统工作原理图，系统管道连接图，有关的泵、阀、辅助元件使用说明书的要求进行。安装前应对上述资料进行仔细分析，了解工作原理，元件、部件、辅件的结构和安装使用方法等，按图样准备好所需的液压元件、部件、辅件，并要进行认真地检查，看元件是否完好、灵活，仪器仪表是否灵敏、准确、可靠。检查密封件型号是否合乎图样要求且完好。管件应符合要求，有缺陷应及时更换，油管应清洗，干燥。

② 安装前，要准备好适用的工具，严禁用起子、扳手等工具代替榔头，进行任意敲打等不符合操作规程的不文明的装配现象。

③ 安装装配前，对装入主机的液压元件和辅件必须进行严格清洗，先除有害于液压油中的污物，液压元件和管道各油口所有的堵头、塑料塞子、管堵等随着工程的进展不要先卸掉，防止污物从油口进入液压元件内部。

④ 在油箱上或近油箱处，应提供说明油品类型及系统容量的铭牌，必须保证油箱的内外表面、主机的各配合表面及其他可见组成元件是清洁的。油箱盖、管口和空气滤清器必须充分密封，以保证未被过滤的空气不进入液压系统。

⑤ 将设备指定的工作液过滤到要求的清洁度，然后方可注入系统油箱。与工作液接触的元件外露部分（如活塞杆）应予以保护，以防止污物进入。

⑥ 液压装置与工作机构连接在一起，才能完成预定的动作，因此要注意两者之间的连接装配质量（如同心度、相对位置、受力状况、固定方式及密封好坏等）。

（2）液压泵和液压马达的安装

① 液压泵和液压马达支架或底座应有足够的强度和刚度，以防止振动。

② 泵的吸油高度应不超过使用说明书的规定（一般为 500mm），安装时尽量靠近油箱油面。

③ 泵的吸油管不得漏气，以免空气进入系统，产生振动及噪声。

④ 液压泵输入轴与电动机驱动轴的同轴度应控制在 $\phi 0.1mm$ 以内。安装好后用手转动时，应轻松无卡滞现象。

⑤ 液压泵的旋转方向要正确，液压泵和液压马达的进出油口不得接反，以免造成故障。

（3）液压缸的安装

① 液压缸在安装时，先要检查活塞杆是否弯曲，特别对长行程液压缸。活塞杆弯曲会造成缸盖密封损坏，导致泄漏、爬行和动作失灵，并且加剧活塞杆的偏磨损。

② 液压缸的轴心线应与导轨平行，特别注意活塞杆全部伸出时的情况，若两者不平行，会产生较大的侧向力，造成液压缸别劲、换向不良、爬行和液压缸密封破损失效等故障，一般可以导轨为基准，用百分表调整液压缸，使伸出时的活塞杆的侧母线与 V 形导轨平行，上母线与平导轨平行，允许平行度误差为 0.04mm/m～0.08mm/m。

③ 活塞杆轴心线对两端支座的安装基面，其平行度误差不得大于 0.05mm。

④ 对于行程长的液压缸，活塞杆与工作台的连接应保持浮动，以补偿安装误差产生的别劲和补偿热膨胀的影响。

（4）阀类元件的安装

① 阀类元件安装前后应检查各控制阀移动或转动是否灵活，若出现呆滞现象，应查明是否由于脏物、锈斑、平直度不好或紧固螺钉扭紧力不均衡使阀体变形等引起，应通过清洗、研磨、调整加以消除，如不符合要求应及时更换。

② 对自行设计制造的专用阀应按有关标准进行性能试验、耐压试验等。

③ 板式阀类元件安装时，要检查各油口的密封圈是否漏装或脱落，是否突出安装平面而有一定压缩余量，各种规格同一平面上的密封圈突出量是否一致，安装 O 形圈各油口的沟槽是否拉伤，安装面上是否碰伤等，做出处置后再进行装配，O 形圈涂上少许黄油或防止脱落。

（5）液压管道的安装

管道安装应注意以下几方面。

① 管道的布置要整齐，油路走向应平直、距离短，直角转弯应尽量少，同时应便于拆装、检修。各平行与交叉的油管间距离应大于 10mm，长管道应用支架固定。各油管接头要固紧可靠、密封良好，不得出现泄漏。

② 吸油管与液压泵吸油口处应涂以密封胶，保证良好的密封；液压泵的吸油高度一般不大于 500mm；吸油管路上应设置过滤器，过滤精度为 0.1mm～0.2mm，要有足够的通油能力。

③ 回油管应插入油面以下有足够的深度，以防飞溅形成气泡，伸入油中的一端管口应切成45°角，且斜口向箱壁一侧，使回油平稳，便于散热；凡外部有泄油口的阀（如减压阀、顺序阀等），其泄油路不应有背压，应单独设置泄油管通油箱。

④ 溢流阀的回油管口与液压泵的吸油管不能靠得太近，以免吸入温度较高的油液。

2. 液压传动系统的调试

（1）调试前的准备

① 要熟悉说明书等有关技术资料，力求全面了解系统的原理、结构、性能和操作方法。

② 了解液压元件在设备上的实际位置，需要调整的元件的操作方法及调节旋钮的旋向。

③ 准备好调试工具和仪器、仪表等。

（2）调试前的检查

① 检查各手柄位置，确认"停止"、"后退"及"卸荷"等位置，各行程挡块紧固在合适位

置。另外，溢流阀的调压手柄基本上全松，流量阀的手柄接近全开，比例阀的控制压力流量的电流设定值应小于电流值等。

② 试机前对裸露在外表面的液压元件和管路等再用海绵擦洗一次。

③ 检查液压泵旋向、液压缸、液压马达及液压泵的进出油管是否接正确。

④ 要按要求给导轨、各加油口及其他运动副加润滑油。

⑤ 检查各液压元件、管路等连接是否正确可靠。

⑥ 旋松溢流阀手柄，适当拧紧安全阀手柄，使溢流阀调至最低工作压力，流量阀调至最小。

⑦ 检查电机电源是否与标牌规定一致，电磁阀上的电磁铁电流形式和电压是否正确，电气元件有无特殊的启动规定等，全弄清楚后才能合上电源。

（3）空载调试

空载调试的目的是全面检查液压系统各回路、各液压元件工作是否正常，工作循环或各种动作的自动转换是否符合要求。其步骤如下。

① 启动液压泵，检查泵在卸荷状态下的运转。正常后，即可使其在工作状态下运转。

② 调整系统压力，在调整溢流阀压力时，从压力为零开始，逐步提高压力使之达到规定压力值。

③ 调整流量控制阀，先逐步关小流量阀，检查执行元件能否达到规定的最低速度及平稳性，然后按其工作要求的速度来调整。

④ 将排气装置打开，使运动部件速度由低到高，行程由小至大运行，然后运动部件全程快速往复运动，以排出系统中的空气，空气排尽后应将排气装置关闭。

⑤ 调整自动工作循环和顺序动作，检查各动作的协调性和顺序动作的正确性。

⑥ 各工作部件在空载条件下，按预定的工作循环或工作顺序连续运转 2h~4h 后，应检查油温及液压系统所要求的精度（如换向、定位、停留等），一切正常后，方可进入负载调试。

（4）负载调试

负载调试是使液压系统在规定的负载条件下运转，以进一步检查系统的运行质量和存在的问题，检查机器的工作情况，安全保护装置的工作效果，有无噪声、振动和外泄漏等现象，系统的功率损耗和油液温升等。

负载调试时，一般应先在低于最大负载和速度的情况下试车，如果轻载试车一切正常，才逐渐将压力阀和流量阀调节到规定值，以进行最大负载和速度试车，以免试车时损坏设备。若系统工作正常，即可投入使用。

3. 液压传动系统的维护保养

液压传动系统的维护保养包括日常检查、定期检查和综合检查 3 个阶段。

（1）日常检查

日常检查也称点检，是减少液压系统故障最重要的环节，主要是指操作者在使用中经常通过目视、耳听及手触等比较简单的方法，在泵启动前、启动后和停止运转前检查油量、油温、油质、压力、泄漏、噪声、振动等情况。出现不正常现象时应停机检查原因，及时排除。

（2）定期检查

定期检查也称定检，为保证液压系统正常工作提高其寿命与可靠性，必须进行定期检查，以便早日发现潜在的故障，及时进行修复和排除。定期检查的内容包括，调整日常检查中发现而又未及时排除的异常现象及潜在的故障预兆，并查明原因给予排除。对规定必须定期维修的基础部件，应认真检查加以保养，对需要维修的部位，必要时分解检修。定期检查的时间一般与滤油器检修间隔时间相同，约 3 个月。

（3）综合检查

综合检查大约每年一次，其主要内容是检查液压装置的各元件和部件，判断其性能和寿命，并对产生的故障进行检修或更换元件。

任务二　典型液压传动系统故障诊断与维修

一、任务分析

本任务的要求是弄清液压动力滑台的组成和工作原理，能对液压动力滑台常见故障进行诊断与维修。

二、相关知识

YT4543 型动力滑台的工作进给速度范围为 6.6mm/min ~ 660mm/min，最大快进速度为 7 300mm/min，最大推力为 45kN。YT 4543 型动力滑台液压系统原理图如图 6-1 所示。该系统采用限压式变量叶片泵供油，电液换向阀换向，行程阀实现快慢速度转换，串联调速阀实现两种工

1—过滤器；2—变量泵；3、7、12—单向阀；4—电液换向阀；5—液压缸；6—行程阀；8—压力继电器；9—电磁换向阀；
10、11—调速阀；13—顺序阀；14—背压阀

图 6-1　YT 4543 型动力滑台液压系统工作原理图

作进给速度的转换，其最高工作压力不大于 6.3MPa。液压滑台上的工作循环是由固定在移动工作台侧面上的挡铁直接压行程阀换位或压行程开关控制电磁换向阀的通、断电顺序实现的。

由图 6-1 可知，该系统可实现的的典型工作循环是快进→一工进→二工进→止挡块停留→快退→原位停止，其工作情况分析如下。

1. 快进

按下启动按钮，电磁铁 1YA 通电，电液换向阀 4 的左位接入系统，顺序阀 13 因系统压力较低处于关闭状态，变量泵 2 则输出较大流量，这时液压缸 5 两腔连通，实现差动快进，其油路为

进油路：过滤器 1→变量泵 2→单向阀 3→换向阀 4→行程阀 6→液压缸 5 左腔；

回油路：液压缸 5 右腔→换向阀 4→单向阀 12→行程阀 6→液压缸 5 左腔。

2. 一工进

当滑台快进到达预定位置（即刀具趋近工件位置）时，挡铁压下行程阀 6，切断快速运动进油路，电磁阀 1YA 继续通电，阀 4 左位仍接入系统。这时液压油只能经调速阀 11 和电磁换向阀 9 右位进入液压缸 5 左腔，由于工进时系统压力升高，变量泵 2 便自动减小其输出流量，顺序 13 此时打开，单向阀 12 关闭，液压缸 5 右腔的回油最终经背压阀 14 流回油箱，这样滑台转为第一次工作进给运动（简称一工进），其油路为

进油路：过滤器 1→变量泵 2→单向阀 3→电液换向阀 4 左位→调速阀 11→电磁换向阀 9 右位→液压缸 5 左腔；

回油路：液压缸 5 右腔→电液换向阀 4 左位→顺序阀 13→背压阀 14→油箱。

3. 二工进

当第一次工作进给运动到位时，滑台上的另一挡铁压下行程开关，使电磁铁 3YA 通电，于是换向阀 9 左位接入油路，由泵来的压力油须经调速阀 11 和 10 才能进入液压缸 5 的左腔。其他各阀的状态和油路与一工进相同。因调速阀 10 的通流面积比调速阀 11 通流面积小，故二工进速度由调速阀 10 来调节，但阀 10 的调节流量必须小于阀 11 的调节流量，否则调速阀 10 将不起作用。

4. 止挡块停留

当被加工工件为不通孔且轴向尺寸要求严格，或需刮端面等情况时，则要求实现死挡铁停留。当滑台二工进到位碰上预先调好的死挡铁，活塞不能再前进，停留在死挡铁处，停留时间用压力继电器 8 和时间继电器（装在电路上）来调节和控制。

5. 快退

滑台在死挡铁上停留后，泵的供油压力进一步升高，当压力升高到压力继电器 8 的预调动作压力时，压力继电器 8 发出信号，使 1YA、3YA 断电，2YA 通电，电液换向阀 4 处于右位接入系统，由于此时为空载，泵的供油压力低，输出油量大，滑台快速退回。其油路为

进油路：过滤器 1→变量泵 2→单向阀 3→电液换向阀 4 右位→液压缸 5 右腔；

回油路：液压缸 5 左腔→单向阀 7→电液换向阀 4 右位→油箱。

6. 原位停止

当动力滑台快速退回到原始位置时，原位电气挡块压下原位行程开关，使电磁铁 2YA 断电，电液换向阀 4 处于中间位置，液压缸失去动力来源，液压滑台停止运动。这时，变量泵输出油液经单向阀 3 和电液换向阀 4 流回油箱，液压泵卸荷。

由上述分析可知，液控顺序阀 13 在动力滑台快进时必须关闭，工进时必须打开，因此，液控顺序阀 13 的调定压力应低于工进时的系统压力而高于快进时的系统压力。

系统中有 3 个单向阀，其中，单向阀 12 的作用是在工进时隔离进油路和回油路。单向阀 3 除有保护液压泵免受液压冲击的作用外，主要是在系统卸荷时使电液换向阀的先导控制油路有一定的控制压力，确保实现换向动作。单向阀 7 的作用则是确保实现快退。

三、任务实施

1. "动力滑台无快进"故障诊断与维修

"动力滑台无快进"故障原因：单向阀 3 弹簧太软或折断，阀前压力太低，使控制油路的压力过低，推不动电液换向阀的液动阀阀芯，所以不能换向。

诊断方法：观察电液换向阀原位，系统压力卸荷，压力计指示值小于 0.3MPa；电液换向阀通电后，压力不见上升。

维修方法：更换合适的单向阀 3。

2. "动力滑台无快退"故障诊断与维修

"动力滑台无快退"故障原因如下。

（1）压力继电器 8 不发信号。

（2）单向阀 3 弹簧太软或折断，阀前压力太低，使控制油路的压力过低，推不动电液换向阀的液动阀阀芯，所以不能换向。

诊断方法如下。

（1）压力继电器 8 微动开关未压合。

（2）观察电液换向阀原位，系统压力卸荷，压力计指示值小于 0.3MPa；电液换向阀通电后，压力不见上升。

维修方法如下。

（1）检修或更换压力继电器 8。

（2）更换合适的单向阀 3。

3. "调节调速阀 10、11，工进速度降不下来"故障诊断与维修方法

"调节调速阀 10、11，工进速度降不下来"故障原因如下。

（1）调速阀性能太差。

（2）二位二通行程阀 6 未压住或压不到位。

（3）二位二通行程阀 6 或单向阀 7 的内泄漏过大。

（4）活塞密封圈损坏或失效，液压缸内泄漏严重，此时可看作压力油与无杆腔、有杆腔同时相通的差动连接状况相似。

诊断方法如下。

（1）换装性能优良的调速阀验证，或在试验台上检验调速阀性能。

（2）将调速阀 10 或 11 关闭，滑台仍慢速移动；或在试验台上检测阀 10 和 11 的内泄漏，可见是否超标。

（3）同（2）。

（4）先让液压缸前进一段距离，再利用刚性物体顶住液压缸，使液压缸无法后退，并松开无杆腔油管接头，另接一段软管；为了防止无杆腔内原来的油液流出，必须使软管出口高于液压缸，然后将油管变换成有杆腔通压力油，若见到软管出口处继续有油流出，则证明液压缸有内泄漏。

维修方法如下。

（1）更换性能优良的调速阀。

（2）检修或更换调速阀。

（3）同（2）。

（4）更换活塞和液压缸的密封装置。

4. "油温超过正常值（50℃）" 故障诊断与维修

"油温超过正常值（50℃）" 故障原因如下。

（1）变量泵的最大压力调得过高。

（2）背压阀 14 的压力调得过高。

（3）单向阀 3 的弹簧太硬，使阀前压力过大。

诊断方法如下。

（1）设法让液压缸工作进给，测量 p_1 和 p_3，若两压力差超过 0.5MPa，则说明压力调得过高。

（2）设法让液压缸工作进给，测量 p_2，一般为 0.3MPa～0.8MPa，若太高，则说明应适当降低。

（3）设法让液压缸处于停止位置，测量 p_1，一般为 0.3MPa 左右，若太高则应设法降低。

维修方法如下。

（1）调整变量泵的最大压力为规定值。

（2）调整背压阀压力为规定值。

（3）更换单向阀 3 的弹簧。

四、知识拓展

1. MJ-50 型数控车床液压传动系统的组成和工作原理

图 6-2 所示为 MJ-50 型数控车床液压传动系统原理图，数控车床上由液压系统实现的动作有：卡盘的夹紧与松开、刀架的夹紧与松开、刀架的正转与反转、尾座套筒缸的伸出与缩回。

1—变量泵；2—单向阀；3、4、5、6、7—换向阀；

8、9、10—减压阀；11、12、13—单向调速阀；14、15、16—压力计

图 6-2　MJ-50 型数控车床液压传动系统原理图

（1）卡盘的夹紧与松开

当卡盘处于正卡（或称外卡）且在高压夹紧状态下，夹紧力的大小由减压阀 8 来调整，夹紧压力由压力计 14 来显示。当 1YA 通电时，阀 3 左位工作，系统压力油经阀 8、阀 4、阀 3 到液压缸右腔，液压缸左腔的油液经阀 3 直接回油箱。这时，活塞杆左移，卡盘夹紧。反之，当 2YA 通电时，阀 3 右位工作，系统压力油经阀 8、阀 4、阀 3 到液压缸左腔，液压缸右腔的油液经阀 3 直接回油箱。这时，活塞杆右移，卡盘松开。

当卡盘处于正卡且在低压夹紧状态下，夹紧力的大小由减压阀 9 来调整。这时，3YA 通电，阀 4 右位工作。阀 3 的工作情况与高压夹紧时相同。卡盘反卡时的工作情况与正卡相似。

（2）回转刀架的回转

回转刀架换刀时，首先是刀架松开，然后刀架转位到指定位置，最后刀架复位夹紧。当 4YA 通电时，阀 6 开始工作，刀架松开，当 8YA 通电时，液压马达带动刀架正转，转速由单向调速阀 11 控制。若 7YA 通电，则液压马达带动刀架反转，转速由单向调速阀 12 控制，当 4YA 断电时，阀 6 左位工作，液压缸使刀架夹紧。

（3）尾座套筒缸的伸缩运动

当 6YA 通电时，阀 7 左位工作，系统压力油经减压阀 10、换向阀 7 到尾座套筒液压缸的左腔，液压缸右腔油经单向调速阀 13、阀 7 回油箱，缸筒带动尾座套筒伸出，伸出时的预紧力大小通过压力计 16 显示。反之，当 5YA 通电时，阀 7 右位工作，系统压力油经减压阀 10、换向阀 7、单向调速阀 13 到尾座套筒液压缸的右腔，液压缸左腔油经阀 7 回油箱，缸筒带动尾座套筒缩回。

2. YB32-200 型液压机液压传动系统的组成和工作原理

YB32-200 型液压机可以进行冲剪、弯曲、翻边、拉深、装配、冷挤、成型等多种加工工艺。这种液压机在它的 4 个圆柱导柱之间安置着上、下两个液压缸。上液压缸驱动上滑块，实现"快速下行→慢速加压→保压延时→泄压快速返回→原位停止"的动作循环；下液压缸驱动下滑块，实现"向上顶出→向下退回→原位停止"的动作循环。图 6-3 所示为 YB 32-200 型液压机液压传动系统原理图。

（1）液压机上滑块的工作原理

① 快速下行

电磁铁 1YA 通电，先导电磁换向阀 5 和上缸主换向阀 6 左位接入系统，液控单向阀 11 被打开，上液压缸快速下行。这时，系统中油液流动的情况如下。

进油路：液压泵 1→顺序阀 7→上缸换向阀 6（左位）→单向阀 10→上液压缸上腔。

回油路：上液压缸下腔→液控单向阀 11→上缸换向阀 6（左位）→下缸换向阀 14（中位）→油箱。

上滑块在自重作用下迅速下降。由于液压泵的流量较小，这时油箱中的油经液控单向阀 12 也流入上液压缸上腔。

② 慢速加压

从上滑块接触工件时开始，这时上液压缸上腔压力升高，液控单向阀 12 关闭，加压速度便由液压泵流量来决定，油液流动情况与快速下行时相同。

③ 保压延时

当系统中压力升高到压力继电器 9 起作用，这时发出电信号，控制电磁铁 1YA 断电，先导电磁换向阀 5 和上缸换向阀 6 都处于中位，此时系统进入保压。保压时间由电气控制线路中的时间继电器（图中未画出）控制，可在 0～24min 内调节。保压时除了液压泵在较低压力下卸

1—液压泵；2—先导式减压阀；3、13、15、16—背压阀；4、7—顺序阀；5—先导电磁换向阀；6—上缸换向阀；
8—预泄换向阀组；9—压力继电器；10—单向阀；11、12—液控单向阀；14—下缸换向阀

图6-3　YB 32-200型液压机液压传动系统原理图

荷外，系统中没有油液流动。液压泵卸荷的油路如下。

液压泵 1→顺序阀 7→上液压缸换向阀 6（中位）→下液压缸换向阀 14（中位）→油箱。

④ 泄压快速返回

时间继电器延时到时后，保压结束，电磁铁 2YA 通电。但为了防止保压状态向返回状态转变过快，在系统中引起压力冲击导致上滑块动作不平稳而设置了预泄换向阀组 8，它的主要功用：使上液压缸上腔释压后，压力油才能通入该缸下腔。其工作原理：在保压阶段，这个阀以上位接入系统；当电磁铁 2YA 通电，先导电磁换向阀 5 右位接入系统时，操纵油路中的压力油虽到达预泄换向阀组 8 阀芯的下端，但由于其上端的高压未曾释放，阀芯不动。由于液控单向阀 I_3 是可以在控制压力低于其主油路压力下打开的，因此有如下工作顺序。

上液压缸上腔→液控单向阀 I_3→预泄换向阀组 8（上位）→油箱。

于是上液压缸上腔的油压便被卸除，预泄换向阀组 8 向上移动，以其下位接入系统，操纵油路中的压力油输到上液压缸换向阀 6 阀芯右端，使该阀右位接入系统，以便实现上滑块的快速返回，预泄换向阀组 8 使上液压缸换向阀 6 也以右位接入系统。这时，液控单向阀 11 被打开，上液压缸快速返回。油液流动情况如下。

进油路：液压泵 1→顺序阀 7→上液压缸换向阀 6（右位）→液控单向阀 11→上液压缸下腔；

回油路：上液压缸上腔→液控单向阀 12→油箱。

所以，上滑块快速返回，从回油路进入充液筒中的油液，若超过预定位置时，可以从充液筒中的溢流管流回油箱。由图可见，上液压缸换向阀 6 在由左位转换到中位时，阀芯右端由油箱经

单向阀 I_1 补油；在由右位转换到中位时，阀芯右端的油经单向阀 I_2 流回油箱。

⑤ 原位停止

当上滑块上升至挡块撞上原位行程开关时，电磁铁 2YA 断电，先导电磁换向阀 5 和上液压缸换向阀 6 都处于中位。这时上液压缸停止不动，液压泵 1 在较低压力下卸荷。

（2）液压机下滑块的工作原理

① 向上顶出

电磁铁 4YA 通电，这时有：

进油路：液压泵 1→顺序阀 7→上液压缸换向阀 6（中位）→下液压缸换向阀 14（右位）→下液压缸下腔；

回油路：下液压缸上腔→下液压缸换向阀 14（右位）→油箱。

下滑块上移至下液压缸中的活塞碰上液压缸盖时，便停在这个位置上。

② 向下退回

电磁铁 4YA 断电、3YA 通电。这时有：

进油路：液压泵→顺序阀 7→上液压缸换向阀 6（中位）→下液压缸换向阀 14（左位）→下液压缸上腔；

回油路：下液压缸下腔→下液压缸换向阀 14（左位）→油箱。

③ 原位停止

电磁铁 3YA、4YA 都断电，下液压缸换向阀 14 处于中位。

3. 汽车起重机液压系统的组成和工作原理

汽车起重机是一种自行式起重设备，它将起重机安装在汽车底盘上，可与装运的汽车编队行驶，机动性好，应用广泛。它主要由起升、回转、变幅、伸缩和支腿等工作机构组成，这些工作机构动作通常由液压系统来实现。

图 6-4 所示为 Q2-8 型汽车起重机的简图。它主要由载重汽车 1、回转机构 2、支腿 3、吊臂

1—载重汽车；2—回转机构；3—支腿；4—吊臂变幅缸；5—伸缩吊臂；6—起升机构；7—基本臂

图 6-4　Q2-8 型汽车起重机外形简图

变幅缸 4、伸缩吊臂 5、起升机构 6、基本臂 7 等部分组成。起重装置可连续回转，最大起重量为 80kN（幅度为 3m 时），最大起重高度 11.5m。当装上附加臂时，可用于建筑工地吊装预制件。这种起重机的作业操作，主要通过手动操纵来实现多缸各自动作。起重作业时一般为单个动作，少数情况下有两个缸的复合动作，为简化结构，系统采用一个液压泵给各执行元件串联供油的方式。在轻载情况下，各串联的执行元件可任意组合，使几个执行元件同时动作，如伸缩和回转，或伸缩和变幅同时进行等。

图 6-5 所示为该型汽车起重机液压系统原理图，该系统的液压泵由汽车发动机通过装在汽车底盘变速箱上的取力箱传动，系统中的液压泵、安全阀、阀组 1 及前后支腿部分装在下车（汽车起重机车体部分），其他液压元件都装在上车（汽车起重机旋转部分），其中油箱兼配重。上车和下车之间的油路通过中心回转接头 9 连通。

1、2—手动换向阀组；3—安全阀；4—双向液压锁；5、6、8—平衡阀；7—节流阀；9—中心回转接头；
10—开关；11—滤油器；12—压力表

图 6-5　Q2-8 型汽车起重机液压系统原理图

该液压系统由支腿收放、回转机构、起升机构、吊臂伸缩和吊臂变幅 5 个工作回路组成。

（1）支腿收放回路

该型汽车起重机的底盘前后各有两条支腿，通过机械机构可以使每一条支腿收起和放下。在每一条支腿上都装着一个液压缸，支腿的动作由液压缸驱动。两条前支腿和两条后支腿分别由多路手动换向组 1 中的三位四通手动换向阀 A 和 B 控制其伸出或缩回。换向阀均采用 M 型中位机能，且油路采用串联方式。确保每条支腿伸出去的可靠性至关重要，因此每个液压缸均设有双向锁紧回路，以保证支腿被可靠地锁住，防止在起重作业时发生"软腿"现象（液压缸上腔油路泄漏引起）或行车过程中支腿自行滑落（液压缸下腔油路泄漏引起）。

当多路手动换向阀组 1 中的阀 A 处于左位工作时，前支腿放下，其进、回油路为

进油路：液压泵→多路手动换向阀组 1 中的阀 A 的左位→两个前支腿缸无杆腔；

回油路：两个前支腿缸有杆腔→液控单向阀→多路手动换向阀组 1 中的阀 A 左位→阀 B 中位→回转接头 9→多路手动换向阀组 2 中阀 C、D、E、F 的中位→回转接头 9→油箱。

当多路手动换向阀 1 组中的阀 B 处于左位工作时，后支腿放下，其进、回油路为

进油路：液压泵→多路手动换向阀组 1 中的阀 A 的中位→阀 B 的左位→两个后支腿缸无杆腔；

回油路：两个后支腿缸回油腔→多路手动换向阀组 1 中的阀 A 的中位→阀 B 左位→回转接头 9→多路手动换向阀 2 中阀 C、D、E、F 的中位→回转接头 9→油箱。

当多路手动换向阀组 1 中的阀 A、B 处于右位工作时，前、后支腿收回。

（2）吊臂回转回路

该型汽车起重机吊臂回转机构采用液压马达作为执行元件。液压马达通过蜗轮蜗杆减速箱和一对内啮合的齿轮传动来驱动转盘回转。由于转盘转速较低，每分钟仅为 1~3 转，故液压马达的转速也不高，因此没有必要设置液压马达制动回路。系统中用多路手动换向阀组 2 中的一个三位四通手动换向阀 C 来控制转盘正、反转和锁定不动 3 种工况。阀 C 左位工作时，吊臂正转，其油路为

进油路：液压泵→多路手动换向阀组 1 中的阀 A、阀 B 中位→回转接头 9→多路手动换向阀组 2 中的阀 C→回转液压马达左腔；

回油路：回转液压马达右腔→多路手动换向阀组 2 中的阀 C→多路手动换向阀组 2 中的阀 D、E、F 的中位→回转接头 9→油箱。

阀 C 右位工作时，回转液压马达反转，吊臂反转。阀 C 中位工作时，吊臂回转机构锁定不动。

（3）吊臂伸缩回路

该型汽车起重机的吊臂由基本臂和伸缩臂组成，伸缩臂套在基本臂之中，用一个由三位四通手动换向阀 D 控制的伸缩液压缸来驱动吊臂的伸出、缩回和停止。为防止因自重而使吊臂下落，油路中设有平衡回路。当阀 D 右位工作时，吊臂伸出，其油路为

进油路：液压泵→多路手动换向阀组 1 中的阀 A、阀 B 中位→回转接头 9→多路手动换向阀组 2 中的阀 C 中位→换向阀 D 右位→伸缩缸无杆腔；

回油路：伸缩缸有杆腔→多路手动换向组 2 中的阀 D 右位→多路手动换向组 2 中的阀 E、F 的中位→回转接头 9→油箱。

当阀 D 左位工作时，吊臂缩回。当阀 D 中位工作时，吊臂停止伸缩。

（4）吊臂变幅回路

吊臂变幅是指用一个液压缸来改变起重臂的俯角角度。变幅液压缸由三位四通手动换向阀 E 控制。同样，为防止在变幅作业时因自重而使吊臂下落，在油路中设有平衡回路。当阀 E 右工

作时，吊臂增幅，其油路为

进油路：液压泵→阀 A 中位→阀 B 中位→回转接头 9→阀 C 中位→阀 D 中位→阀 E 右位→变幅缸无杆腔；

回油路：变幅缸有杆腔→阀 E 右位→阀 F 中位→回转接头 9→油箱。

当阀 E 左位工作时，吊臂减幅，当阀 E 中工作时，吊臂停止变幅。

（5）起升机构回路

起升机构是汽车起重机的主要工作机构，它由一个低速大转矩定量液压马达来带动卷扬机工作。液压马达的正、反转由三位四通手动换向阀 F 控制。起重机起升速度的调节是通过改变汽车发动机的转速从而改变液压泵的输出流量和液压马达的输入流量来实现的。在液压马达的回油路上设有平衡回路，以防止重物自由落下。在液压马达上还设有单向节流阀的平衡回路，设有单作用闸缸组成的制动回路，当系统不工作时通过闸缸中的弹簧力实现对卷扬机的制动，防止起吊重物下滑；当起重机负重起吊时，利用制动器延时张开的特性，可以避免卷扬机起吊时发生溜车下滑现象。当阀 F 左位工作时，起升机构起升重物，其油路为

进油路：液压泵→阀 A 中位→阀 B 中位→回转接头 9→阀 C 中位→阀 D 中位→阀 E 中位→阀 F 左位→卷扬机马达左腔；

回油路：卷扬机马达右腔→阀 F 左位→回转接头 9→油箱。

当阀 F 右位工作时，卷扬机马达反转，起升机构放下重物，当阀 F 中位工作时，卷扬机马达不转，起升机构停止作业。

4. 卧式镗铣加工中心液压系统的组成和工作原理

加工中心是一种带刀库，且机械、电气、液压、气动技术一体化的高效自动化程度高的数控机床。它可在一次装夹中完成铣、钻、扩、镗、锪、铰、螺纹加工、测量等多种工序。在大多数加工中心中，其液压系统可实现刀库、机械手自动进行刀具交换及选刀的动作、加工中心主轴箱、刀库机械手的平衡、加工中心主轴箱的齿轮拨叉变速、主轴松夹刀动作、交换工作台的松开、夹紧及其自动保护等。

图 6-6 所示为某卧式镗铣加工中心液压系统原理图，各部分组成和工作原理如下。

（1）液压源

该系统采用变量叶片泵和蓄能器联合供油的方式，接通机床电源，启动电机 1，变量叶片泵 2 运转，调节单向节流阀 3，构成容积节流调速系统。溢流阀 4 起安全阀作用，手动阀 5 起卸荷作用。调节变量叶片泵 2，使其输出压力达到 7MPa，并把安全阀 4 调至 8MPa。回油滤油器过滤精度 $10\mu m$，滤油器两端压力差超过 0.3MPa 时系统报警，此时应更换滤芯。

（2）液压平衡装置

加工中心的主轴、垂直拖板、变速箱、主电机等连成一体，由 Y 轴滚珠丝杠通过伺服电机带动而上下移动，为了保证零件的加工精度，减少滚珠丝杠的轴向受力，整个垂直运动部分的重量需采用平衡法加以处理。平衡回路有多种，本系统采用平衡阀与液压缸来平衡重量。

液压平衡装置由平衡阀 7、安全阀 8、手动卸荷阀 9、平衡缸 10 等组成，蓄油器 11 起吸收液压冲击作用。调节平衡阀 7，使平衡缸 10 处于最佳工作状态，这可通过测量 Y 轴伺服电机电流的大小来判断。

（3）主轴变速

主轴变速箱需换挡变速由换挡液压缸完成。在图 6-6 所示位置，液压油直接经换向阀 13 的右位、换向阀 14 的右位进入换挡液压缸的左腔，完成低速向高速换挡；当换向阀 13 切换至左位时，液压油经减压阀 12、换向阀 13、换向阀 14 进入换挡液压缸的右腔，完成高速向低速换挡。

图 6-6 某卧式镗铣加工中心液压系统原理图

1—电机；2—变量叶片泵；3—单向节流阀；4—溢流阀；5—手动换向阀；6—压力继电器；7—平衡阀；8—安全阀；9—手动卸荷阀；10—平衡阀；11—蓄油器；12、23—液控单向阀；13、14、28—换向阀；15、18—节流阀；16—测压接头；17、20、21、25、27、29、31、33—电磁阀；19—双液控单向阀；22—增压缸；24、26、35—液压缸；30—压力继电器；32—液压马达；34—液压马达控制单元换挡液压缸速度由双单向节流阀 15 调整，减压阀 12 出口压力由测压接头 16 测得。

（4）换刀回回路及动作

加工中心在加工零件的过程中，前道工序完成后需换刀，此时主轴应返回机床 Y 轴、Z 轴设定的换刀点坐标，主轴处于准停状态，所需刀具在刀库上已预选到位。换刀动作由机械手完成，换刀的过程：机械手抓刀→刀具松开和定位→机械手拔刀→机械手换刀→机械手插刀→刀具夹紧和松销→机械手复位。

① 机械手抓刀。当系统接收到换刀各准备信号后，电磁阀 17 切换至左位，液压油进入齿条液压缸下腔，推动齿轮齿条组合液压缸活塞上移，机械手同时抓住安装在主轴锥孔中的刀具和刀库上预选的刀具。双单向节流阀 18 控制抓刀、回位速度，双液控单向阀 19 保证系统失压时位置不变。

② 刀具松开和定位。抓刀动作完成后发出信号，电磁阀 20 切换至左位、电磁阀 21 切换至右位，增压缸 22 使主轴锥孔中刀具松开，松开压力由减压阀 23 调节。同时，液压缸 24 活塞上移，松开刀库刀具；机械手上两定位销在弹簧力作用下伸出，卡住机械手上的刀具。

③ 机械手拔刀。主轴、刀库上的刀具松开后，无触点开关发出信号，电磁阀 25 切换至右位，机械手由液压缸 26 推动而伸出，使刀具从主轴锥孔和刀库链节上拔出。液压缸 26 带缓冲装置，防止其在行程终点发生撞击，引起噪声，影响精度。

④ 机械手换刀。机械手拔刀动作完成后，发出信号，控制电磁阀 27 换位，推动齿条传动组合液压缸活塞移动，使机械手旋转 180°，转位速度由双单向节流阀调节，并根据刀具重量由换向阀 28 确定两种转位速度。

⑤ 机械手插刀。机械手旋转 180° 后发出信号，电磁阀 25 换位，机械手缩回，刀具分别插入主轴锥孔和刀库链节。

⑥ 刀具夹紧和松销。机械手插刀动作完成后，电磁阀 20、电磁阀 21 换位，使主轴中的刀具和刀库链节上刀具夹紧，机械手上定位销缩回。

⑦ 机械手复位。刀具夹紧信号发出后，电磁阀 17 换位，机械手旋转 90°，回到起始位置。

至此，整个换刀动作结束，主轴启动进入零件加工状态。

（5）NC 旋转工作台液压回路

① NC 工作台夹紧。零件连续旋转进入固定位置加工时，电磁阀 29 换至左位，使工作台夹紧，并由压力继电器 30 发出夹紧信号。

② 托盘交换。交换工件时，电磁阀 31 处于右位，定位销缩回，同时松开托盘，由交换工作台交换工件，结束后电磁阀 31 换位，定位销伸出定位，托盘夹紧，即可进入加工状态。

（6）刀库选刀、装刀

零件在加工过程中，刀库需将下道工序所需刀具预选到位。首先判断所需刀具所在刀库中的位置，确定液压马达 32 旋转方向，使电磁阀 33 换位，液压马达控制单元 34 控制马达启动、中间状态、到位、旋转速度，刀具到位后由旋转编码器组成的闭环系统控制发出信号。液压缸 35 用于刀库装刀位置上下装卸刀具。

习 题

1. 简述液压传动系统压力失控故障诊断和维修方法。

2. 简述液压传动系统速度失控故障诊断和维修方法。

3. 简述液压传动系统温度异常升高故障诊断和维修方法。

4. 简述液压传动系统异常振动与噪声等常见故障诊断和维修方法。

5. 简述液压传动系统泄漏等常见故障诊断和维修方法。

6. 简述液压系统的安装与调试方法。

7. 简述液压传动系统的维护保养的三阶段。

8. 简述 YT4543 型液压动力滑台的工作原理。

9. 简述 YT4543 型液压动力滑台的常见故障进行诊断和维修方法。

10. 简述 MJ-50 型数控车床液压传动系统的组成和工作原理。

11. 简述 YB32-200 型液压机液压传动系统的组成和工作原理。

12. 简述 Q2-8 型汽车起重机液压传动系统的组成和工作原理。

13. 简述卧式镗铣加工中心液压传动系统的组成和工作原理。

项目七
气源装置和气动执行元件拆装

气压传动是以压缩空气为工作介质传递运动和动力的一种传动方式。它和液压传动一样，都是利用流体作为工作介质来实现传递运动和动力的。气压传动与液压传动在基本工作原理、系统组成、元件结构及图形符号等方面有很多相似之处。

气压传动系统，简称气动系统，是利用压缩空气的压力能为主来传递运动和动力的系统。

气动系统包括工作介质（压缩空气）、动力元件（气源装置）、执行元件、辅助元件和控制元件。

本任务的要求是按规范拆卸和装配气源装置和执行元件有关部件，弄清各元件的结构和拆装方法。

任务一 气源装置拆装

一、任务分析

气源装置的作用是产生具有足够压力和流量的压缩空气，同时将其净化、处理及储存，它由气压发生装置（如空气压缩机）、压缩空气的净化装置和输送压缩空气的管道组成。

本任务的要求是按规范拆卸和装配空气压缩机、空气过滤器等动力元件，弄清空气压缩机、空气过滤器等动力元件的工作原理和结构，学会拆装空气压缩机、空气过滤器等动力元件，为气压传动系统的维修打下坚实的基础。

二、相关知识

1. 气动系统的组成和工作原理

图 7-1 所示为气动剪切机的工作原理图，这种气动剪切机由空气压缩机 1、冷却器 2、分水排水器 3、储气罐 4、空气过滤器 5、减压阀 6、油雾器 7、行程阀 8、换向阀 9、气缸 10 等组成。

当空气压缩机 1 产生的压缩空气经冷却器 2、分水排水器 3、储气罐 4、空气过滤器 5、减压阀 6、油雾器 7 到达换向阀 9，部分气体经节流通路 a 进入换向阀 9 的下腔，使上腔弹簧压缩，换向阀阀芯位于上端；大部分压缩空气经换向阀 9 后由 b 路进入气缸 10 上腔，而气缸的下腔的气体经 c 路、换向阀与大气相通，因此气缸活塞处于下端位置。当上料装置把工料 11 送入剪切机并到达规定位置时，工料压下行程阀8，此时换向阀阀芯下腔的压缩空气经 d 路、行程阀排入大气，在弹簧的推动下换向阀阀芯向下运动至下端；压缩空气则经换向阀后由 c 路进入气缸的下腔，上腔经 b 路、换向阀与大气相通，气缸活塞向上运动，剪刀刃随之上行剪断工料。工料剪下后，即与行程阀脱开，行程阀阀芯在弹簧作用下复位，d 路堵死，换向阀阀芯上移，气缸活塞向下运动，又恢复到剪断前的状态。

由此可见，气压传动与液压传动系统的工作原理相似，它们都是先将机械能转换成压力能，再将压力能转换成机械能的转换过程。

1—空气压缩机；2—冷却器；3—分水排水器；4—储气罐；5—空气过滤器；
6—减压阀；7—油雾器；8—行程阀；9—换向阀；10—气缸
图 7-1　气动剪切机的工作原理图

一个完整的气动系统与液压传动系统也相似，它由以下几部分组成。

① 工作介质——压缩空气，其作用是实现运动和动力的传递。

② 动力元件——气源装置，其作用是将原动机所输出的机械能转换成气体的压力能，向气动系统提供压缩空气，是气动系统的心脏部分。

③ 执行元件——气缸和气压马达，其作用是将气体的压力能转换成机械能以驱动工作机构进行工作。

④ 控制元件——压力、方向、流量控制阀，其作用是对系统中工作介质的压力、流量、方向进行控制和调节，以保证执行元件达到所要求的输出力、运动速度和运动方向。

⑤ 辅助元件——管道、管接头、储气罐、过滤器等辅助元件，其作用是提供必要的条件使系统得以正常工作，是系统不可缺少的组成部分。

2. 气压传动的应用

气压传动的应用见表 7-1。

3. 气压传动的发展

早在公元前，埃及人就开始采用风箱产生压缩空气助燃，从 18 世纪的产业革命开始气压传动逐渐被应用于各类行业中。

1829 年出现了多级空气压缩机，为气压传动的发展创造了条件，1871 年开始在采矿业使用风镐，1868 年美国人 G·威斯汀豪斯发明了气压制动装置，并于 1872 年用于铁路车辆的制动上，显示了气压传动简单、快速、安全和可靠的优点，开创了气压传动早期的应用局面。第二次世界大战后，随着各国生产的迅速发展，气压传动以它的低成本优势，被广泛用于工业自动化产品和生产流水线上。目前气动技术正向小型化、模块化、高集成化、低能耗、无油化、智能化及机电液气相结合的综合控制技术等方面发展。

表 7-1 气动技术在各行业的应用

行业	应 用 举 例
交通运输业	汽车的制动系统、列车的自动门系统、列车的制动系统等
轻工、纺织、食品业	气动上下料装置、食品包装生产线等
电子工业	印制电路板自动生产线、家电生产线
石油化学业	化工原料输送装置、石油钻采装置等
机械工业	各类机械制造的生产线、工业机械人

4. 气压传动的优缺点

（1）优点

① 工作介质是空气，来源方便，成本低，无污染。与液压传动相比，气压传动不必设置回收的油箱和管道。

② 与液压传动相比，气压传动动作迅速、反应快、可在较短的时间内达到所需的压力和速度。

③ 安全可靠，在易燃、易爆场所不需要昂贵的防爆设施。压缩空气不会爆炸或着火，特别是在易燃、易爆、多尘埃、强磁、辐射、振动、冲击等恶劣工作环境中，比液压、电子、电气控制优越。

④ 因空气的黏度很小，其损失也很小，所以便于集中供气、远距离输送，并且不易发生过热现象。

（2）缺点

① 有可压缩性，不易进行准确的速度控制和很高的定位精度，稳定性不够。但采用气液联动装置会得到较满意的效果。

② 空气的压力较低（一般为 0.3MPa~1MPa），只适用于压力较小（一般不宜大于 10kN~40kN）的场合。

③ 排气噪声大，在高速排气时要加消声器。

④ 气动装置中的气信号传递速度在声速以内比电子及光速慢，因此气动控制系统不宜用于元件级数过多的复杂回路。

5. 气源装置的结构和工作原理

（1）空气压缩机的结构和工作原理

气压传动系统中最常用的空气压缩机是往复活塞式空气压缩机，其结构和工作原理如图7-2所示。它由排气阀1、气缸2、活塞3、活塞杆4、十字头5、滑道6、连杆7、曲柄8、吸气阀9、弹簧10等组成。当活塞3向右运动时，气缸2内活塞左腔的压力低于大气压力，吸气阀9被打开，空气在大气压力作用下进入气缸2内，这个过程称为"吸气过程"。当活塞向左移动时，吸气阀9在缸内压缩气体的作用下而关闭，缸内气体被压缩，这个过程称为压缩过程。当气缸内空气压力增高到略高于输气管内压力后，排气阀1被打开，压缩空气进入输气管道，这个过程称为"排气过程"。活塞3的往复运动是由电动机（内燃机）带动曲柄转动，通过连杆、滑块、活塞杆转化为直线往复运动而产生的。图7-2中只表示了一个活塞一个缸的空气压缩机，大多数空气压缩机是多缸多活塞的组合。

1—排气阀；2—气缸；3—活塞；4—活塞杆；5—十字头；6—滑道；7—连杆；8—曲柄；9—吸气阀；10—弹簧

图7-2　往复活塞式空气压缩机的结构和工作原理图

（2）压缩空气的净化装置的结构和工作原理

常见的压缩空气的净化装置有后冷却器、油水分离器、储气罐、空气干燥器和空气过滤器。

① 后冷却器的结构和工作原理

后冷却器安装在空气压缩机出口处的管道上。它的作用是将空气压缩机排出的压缩空气温度由140℃~170℃降至40℃~50℃。这样就可使压缩空气中的油雾和水汽迅速达到饱和，使其大部分析出并凝结成油滴和水滴分离出来。后冷却器的结构形式有：蛇形管式、列管式、散热片式、管套式。冷却方式有水冷和气冷两种方式。

图7-3所示为蛇形管水冷式后冷却器的结构、工作原理和图形符号图，压缩空气在蛇形管内流动，冷却水在蛇形管外水套中流动，在管道壁面进行热交换。水冷式后冷却器散热面积比风冷式的大很多倍，热交换均匀，分水效率高。

② 油水分离器的结构和工作原理

油水分离器安装在后冷却器出口管道上，它的作用是分离并排出压缩空气中凝聚的油分、水分和灰尘杂质等，使压缩空气得到初步净化。油水分离器的结构形式有环形回转式、撞击折回式、离心旋转式、水浴式以及以上形式的组合使用等。图7-4所示为撞击折回并回转式油水分

（a）结构、工作原理图　　（b）图形符号图

图7-3　蛇形管水冷式后冷却器的
结构、工作原理和图形符号图

（a）结构、工作原理图　　（b）图形符号图

图7-4　撞击折回并回转式油水分离器的
结构、工作原理和图形符号图

离器的结构、工作原理和图形符号图，当压缩空气由入口进入分离器壳体后，气流先受到隔板阻挡而被撞击折回向下（见图中箭头所示流向）；之后又上升产生环形回转，这样凝聚在压缩空气中的油滴、水滴等杂质受惯性力作用而分离析出，沉降于壳体底部，由放水阀定期排出。

为提高油水分离效果，应控制气流在回转后上升的速度不超过 0.3m/s～0.5m/s。

③ 储气罐的结构和工作原理

储气罐的主要作用是消除由于空气压缩机断续排气而对系统引起的压力脉动，保证输出气流的连续性和平稳性；储存一定数量的压缩空气，调节用气量或以备发生故障和临时需要应急使用；进一步分离压缩空气中的油、水等杂质。

储气罐一般采用圆筒状焊接结构，以立式居多，其结构如图 7-5 所示。立式储气罐的高度为其直径的 2～3 倍，同时应使进气管在下，出气管在上，并尽可能加大两管之间的距离，以利于进一步分离空气中的油质和水分。

④ 空气干燥器的结构和工作原理

空气干燥器的作用是吸收和排除压缩空气中的油质、水分和杂质。经过后冷却器、油水分离器和储气罐后得到初步净化的压缩空气，以满足一般气压传动的需要，但如果用于精密的气动装置、气动仪表等，上述压缩空气还必须进行干燥处理。

压缩空气干燥方法主要采用吸附法和冷却法。吸附法利用具有吸附性能的吸附剂（如硅胶、铝胶或分午筛等）来吸附压缩空气中含有的水分，而使其干燥；冷却法利用制冷设备使空气冷却到一定的露点温度，析出空气中超过饱和水蒸气部分的多余水分，从而达到所需的干燥度。吸附法是干燥处理方法中应用最为普遍的一种方法。

图 7-6 所示为不加热再生吸附式干燥器的结构和工作原理图。这种干燥器有两个填满吸附剂的容器 1、2，当空气从容器 1 的下部流到上部时，把吸附剂中的水分带走并放入大气。两容器定期地交换工作（5min～10min）使吸附剂产生吸附和再生，这样可得到连续输出的干燥压缩空气。

图 7-5 储气罐结构、工作原理图

图 7-6 不加热再生吸附式干燥器结构和工作原理图

⑤ 空气过滤器的结构和工作原理

空气过滤器，也称分水滤气器，它的主要作用是除去压缩空气中的固态杂质、水滴和油污等污染物。

图 7-7 所示为空气过滤器的结构、工作原理和图形符号图。这种空气过滤器由旋风叶子 1、滤芯 2、存水杯 3、挡水板 4、手动排水阀 5 等组成。压缩空气从输入口进入后，被引入旋风叶子 1，

旋风叶子上有很多成一定角度的小缺口，使空气沿切线反向产生强烈的旋转，这样夹杂在气体中的较大水滴、油滴和灰尘便获得较大的离心力，与水杯3内壁碰撞，而从气体中分离出来，沉淀于存水杯3中，然后气体通过中间的滤芯2，进一步过滤掉更加细微的杂质微粒，洁净的空气便从输出口输出。挡水板4是防止气体漩涡将杯中积存的污水卷起而破坏过滤作用。为保证分水滤气器正常工作，必须及时将存水杯中的污水通过排水阀5放掉。在某些人工排水不方便的场合，可采用自动排水式分水滤气器。

（a）结构、工作原理图　　　　　　（b）图形符号图

1—旋风叶子；2—滤芯；3—存水杯；4—挡水板；5—手动排水阀

图7-7　空气过滤器的结构、工作原理和图形符号图

存水杯由透明材料制成，便于观察工作情况、污水情况和滤芯污染情况。滤芯目前采用铜粒烧结而成。发现油泥过多，可采用酒精清洗，干燥后再装上，可继续使用。但是这种过滤器只能滤除固体和液体杂质，因此，使用时应尽可能装在能使空气中的水分变成液态的部位或防止液体进入的部位，如气动设备的气源入口处。

三、任务实施

1. 活塞式空气压缩机的拆装

（1）准备好内六角扳手一套、耐油橡胶板一块、油盘一个等器具。

（2）按先外后内的顺序拆下压缩各零件，并将零件标号按顺序摆好。

（3）观察主要零件的作用和结构。

（4）按拆卸的反向顺序装配压缩机。装配前清洗各零部件，将活塞与气缸筒内壁之间、气阀与气阀导向套之间等配合表面涂润滑液，并注意各处密封的装配。

（5）将压缩机外表面擦拭干净，整理工作台。

2. 空气过滤器的拆装

空气过滤器的拆装如图7-7所示。

（1）准备好内六角扳手一套、耐油橡胶板一块、油盘一个等器具。

（2）卸下手动排水阀5。

（3）卸下存水杯3。

（4）卸下挡水板4。

（5）卸下滤芯 2。

（6）观察主要零件的作用和结构。

（7）按拆卸的反向顺序装配空气过滤器。装配前清洗各零部件，并注意各处密封的装配。

（8）将空气过滤器外表面擦拭干净，整理工作台。

四、知识拓展

1. 往复式空气压缩机的常见故障诊断与维修方法

往复式空气压缩机的常见故障诊断与维修方法如表 7-2 所示。

表 7-2　　　　　　　　往复式空气压缩机的常见故障诊断与维修方法

序号	故障现象	故障原因	维修方法
1	启动不良	（1）电压低 （2）熔丝熔断 （3）电动机单相运转 （4）排气单向阀泄漏 （5）卸流动作失灵 （6）压力开关失灵 （7）电磁继电器故障 （8）排气阀损坏	（1）与供电部门联系解决 （2）测量电阻，更换熔丝 （3）检修或更换电动机 （4）检修或更换排气单向阀 （5）拆修 （6）检修或更换压力开关 （7）检修或更换电磁继电器 （8）检修或更换排气阀
2	压缩不足	（1）吸气过滤器阻塞 （2）阀的动作失灵 （3）活塞环咬紧缸筒 （4）气缸磨损 （5）夹紧部分泄漏	（1）清洗或更换过滤器 （2）检修或更换阀 （3）更换活塞环 （4）检修或更换气缸 （5）固紧或更换密封
3	运转声音异常	（1）阀损坏 （2）轴承磨损 （3）皮带打滑	（1）检修或更换阀 （2）更换轴承 （3）调整张力
4	压缩机过热	（1）冷却水不足、断水 （2）压缩机工作场地温度过高	（1）保证冷却水量 （2）注意通风换气
5	润滑油消耗过量	（1）曲柄室漏油 （2）气缸磨损 （3）压缩机倾斜	（1）更换密封件 （2）检修或更换气缸 （3）修正压缩机位置

2. 空气干燥器的常见故障诊断与维修方法

空气干燥器的常见故障诊断与维修方法如表 7-3 所示。

表 7-3　　　　　　　　空气干燥器的常见故障诊断与维修方法

序号	故障现象	故障原因	维修方法
1	干燥器不启动	（1）电源断电或熔丝断开 （2）控制开关失效 （3）电源电压过低 （4）风扇电机故障 （5）压缩机卡住或电动机烧毁	（1）检查电源有无短路，更换熔丝 （2）检修或更换开关 （3）检查排除电源故障 （4）更换电扇电机 （5）检修压缩机或更换电动机

序号	故障现象	故障原因	维修方法
2	干燥器运转，但不制冷	（1）制冷剂严重不足或过量 （2）蒸发器冻结 （3）蒸发器、冷凝器积灰太多 （4）风扇轴或传动带打滑 （5）风冷却器积灰太多	（1）检查制冷剂有无泄漏，测高、低压力，按规定充灌制冷剂，如果制冷剂过多则放出 （2）检查低压压力，若低于 0.2MPa 会结冻 （3）清除积灰 （4）更换轴或传动带 （5）清除积灰
3	干燥器运转，但制冷不足，干燥效果不好	（1）电源电压过不足 （2）制冷剂不足、泄漏 （3）蒸发器冻结、制冷系统内混入其他气体 （4）干燥器空气流量不匹配，进气温度过高，放置位置不当	（1）检查电源 （2）补足制冷剂 （3）检查低压压力，重充制冷剂 （4）正确选择干燥实际流量，降低进气温度，合理选址
4	噪声大	机件安装不紧或风扇松脱	坚固机件或风扇

3. 空气过滤器的常见故障诊断与维修方法

空气过滤器的常见故障诊断与维修方法如表 7-4 所示。

表 7-4　　　　　　　　　　空气过滤器的常见故障诊断与维修方法

序号	故障现象	故障原因	维修方法
1	压力过大	（1）使用过细的滤芯 （2）滤清器的流量范围太小 （3）流量超过滤清器的容量 （4）滤清器滤芯网眼堵塞	（1）更换适当的滤芯 （2）换流量范围大的滤清器 （3）换大容量的滤清器 （4）用净化液清洗（必要时更换）滤芯
2	从输出端溢出冷凝水	（1）未及时排出冷凝水 （2）自动排水器发生故障 （3）超过滤清器的流量范围	（1）养成定期排水习惯或安装自动排水器 （2）修理（必要时更换） （3）在适当流量范围内使用或者更换大容量的滤清器
3	输出端出现异物	（1）滤清器滤芯破损 （2）滤芯密封不严 （3）用有机溶剂清洗塑料件	（1）更换机芯 （2）更换机芯的密封，紧固滤芯 （3）用清洁的热水或煤油清洗
4	塑料水杯破损	（1）在有有机溶剂的环境中使用 （2）空气压缩机输出某种焦油 （3）压缩机从空气中吸入对塑料有害的物质	（1）使用不受有机溶剂侵蚀的材料（如使用金属杯） （2）更换空气压缩机的润滑油，使用无油压缩机 （3）使用金属杯

序号	故障现象	故障原因	维修方法
5	漏气	（1）密封不良 （2）因物理（冲击）、化学原因使塑料杯产生裂痕 （3）泄水阀自动排水器失灵	（1）更换密封件 （2）参看塑料杯破损栏 （3）检修或更换泄水阀

任务二　气动执行元件拆装

一、任务分析

执行元件的作用是将压缩空气的压力能转换成机械能以驱动工作机构进行工作。执行元件包括气缸和气动马达。

本任务的要求是按规范拆装气缸和气动马达，弄清气缸、气动马达的工作原理和结构，学会拆装气缸和气动马达。

二、相关知识

1. 气缸的结构和工作原理

气缸用于实现直线往复运动，输出力和直线位移。按照气缸的结构特点可分为活塞式、薄膜式、柱塞式；按作用方式可分为单作用式和双作用式；按气缸功能可分为普通气缸和特殊气缸；按气缸的安装方式可分为耳座式、法兰式、轴销式和凸缘式。

（1）普通型单活塞杆式双作用气缸的结构和工作原理

图7-8所示为普通型单活塞杆式双作用气缸结构和工作原理图，这种气缸由后缸盖1、前缸盖11、活塞5、活塞杆7、缸筒8等组成。气缸由活塞分成两个腔，即无杆腔和有杆腔，当压缩空气进入无杆腔时，压缩空气作用在活塞右端面上的力克服各种反向作用力，推动活塞前进，有杆腔内的空气排入大气，使活塞杆伸出；当压缩空气进入有杆腔时，压缩空气作用在活塞左端面上的力克服各种反向作用力，推动活塞向右运动，无杆腔内的空气排入大气，使活塞杆退回。气缸的无杆腔和有杆腔的交替进气和排气，使活塞杆伸出和退回，气缸实现往复运动。

1—后缸盖；2—密封圈；3—缓冲密封圈；4—活塞密封圈；5—活塞；6—缓冲柱塞；7—活塞杆；8—缸筒；
9—缓冲节流阀；10—导向套；11—前缸盖；12—防尘密封圈；13—磁铁；14—导向环
图7-8　普通型单活塞杆式双作用气缸结构和工作原理图

（2）薄膜式气缸

薄膜式气缸是一种利用压缩空气通过膜片推动活塞杆做往复直线运动的气缸。它由缸体1、膜片2、膜盘3和活塞杆4等主要零件组成。其功能类似于活塞式气缸，它分单作用式和双作用式两种，如图7-9所示。

（a）单作用式　　　　　　　　　　　　　　（b）双作用式

1—缸体；2—膜片；3—膜盘；4—活塞杆

图7-9　薄膜式气缸结构和工作原理图

薄膜式气缸的膜片可以做成盘形膜片和平膜片两种形式。膜片材料为夹织物橡胶、钢片或磷青铜片。常用的是夹织物橡胶，橡胶的厚度为5mm～6mm，有时也可用1mm～3mm。金属式膜片只用于行程较小的薄膜式气缸中。

薄膜式气缸和活塞式气缸相比较，具有结构简单、紧凑、制造容易、成本低、维修方便、寿命长、泄漏小、效率高等优点。但是膜片的变形量有限，故其行程短（一般在40mm～50mm），且气缸活塞杆上的输出力随着行程的加大而减小。

2. 气动马达的结构和工作原理

气动马达是将压缩空气的压力能转换成旋转运动的机械能装置。气动马达按结构形式可分为叶片式气动马达、活塞式气动马达和齿轮式气动马达等。最为常见的是活塞式气动马达和叶片式气动马达。

图7-10（a）所示为叶片式气动马达的结构和工作原理图。它的主要结构和工作原理与液压叶片马达相似，它由转子、定子、叶片及壳体组成。转子上径向装有3～10个叶片，转子偏心安装在定子内，转子两侧有前后盖板（图中未画出），叶片在转子的槽内可径向滑动，叶片底部通有压缩空气，转子转动是靠离心力和叶片底部气压将叶片紧压在定子内表面上的。定子内有半圆形的切沟，提供压缩空气及排出废气。

（a）叶片式　　　　　（b）活塞式

图7-10　气动马达结构和工作原理图

当压缩空气从A口进入定子腔内，一部分进入叶片底部，将叶片推出，使叶片在气压推力和离心力综合作用下，抵在定子内壁上；另一部分进入密封工作腔作用在叶片的外伸部分，产生力矩。由于叶片外伸面积不相等，转子受到不平衡力矩而逆时针旋转。做功后的气体从排气口C排出，而定子腔内残留气体则从B口排出。改变压缩空气输入进气孔（B进气），马达则反向旋转。

叶片式气动马达体积小，重量轻，结构简单，其输出功率为0.1kW～20kW，转速为500r/min～25000r/min，但耗气量较大，适用于转速在500r/min以下中、低功率的机械，叶片式气动马达主要用于矿山及风动工具中。

图 7-10（b）所示为径向活塞式马达的结构和工作原理图。压缩空气经进气口进入分配阀（又称配气阀）后再进入气缸，推动活塞及连杆组件运动，再使曲柄旋转。曲柄旋转的同时，带动固定在曲轴上的分配阀同步转动，使压缩空气随着分配阀角度位置的改变而进入不同的缸内，依次推动各个活塞运动，由各活塞及连杆带动曲轴连续运转。与此同时，与进气缸相对应的气缸则处于排气状态。

活塞式气动马达在低速情况下有较大的输出功率，它的低速性能好，适宜于载荷较大和要求低速转矩的机械，如起重机、绞车、绞盘、拉管机等。

三、任务实施

1. 气缸的拆装

图 7-8 所示普通型单活塞杆式双作用气缸结构和工作原理图，我们以这种液压缸为例说明液压缸的拆装步骤和方法。

（1）准备好内六角扳手一套、耐油橡胶板一块、油盘一个等器具。

（2）卸下后缸盖 1。

（3）卸下前缸盖 11。

（4）卸下活塞杆 7 和活塞 5 组件。

（5）卸下活塞密封圈 4。

（6）观察主要零件的作用和结构。

（7）按拆卸的反向顺序装配气缸。装配前清洗各零部件，将活塞与气缸筒内壁之间配合表面涂润滑液，并注意各处密封的装配。

（8）将气缸外表面擦拭干净，整理工作台。

2. 气动马达的拆装

（1）准备好内六角扳手一套、耐油橡胶板一块、油盘一个等器具。

（2）按先外后内的顺序拆下压缩各零件，并将零件标号按顺序摆好。

（3）观察主要零件的作用和结构。

（4）按拆卸的反向顺序装配气动马达。装配前清洗各零部件，将配合表面涂润滑液，并注意各处密封的装配。

（5）将气动马达外表面擦拭干净，整理工作台。

四、知识拓展

1. 气缸的常见故障诊断与维修方法

气缸的常见故障诊断与维修方法如表 7-5 所示。

表 7-5　　　　　　　　　　气缸的常见故障诊断与维修方法

序号	故障现象	故障原因	维修方法
1	输出力不足	（1）压力不足 （2）活塞密封件磨损	（1）检查压力是否正常 （2）更换密封件
2	动作不稳定	（1）活塞杆被"咬住" （2）缸筒生锈、划伤 （3）混入冷凝液、异物 （4）产生爬行现象	（1）检查安装情况，去掉横向载荷 （2）检修，伤痕过大则更换 （3）拆卸、清扫、加设过滤器 （4）速度低于 50mm/s 时，使用气—液缸或气—液转换器

序号	故障现象	故障原因	维修方法
3	速度过慢	（1）排气通路受阻 （2）负载与气缸实际输出力相比过大 （3）活塞杆弯曲	（1）检查单向节流阀、换向阀、配管的尺寸 （2）提高使用压力 （3）更换活塞杆
4	活塞杆和衬套之间泄漏	（1）活塞杆密封件磨损 （2）混入了异物 （3）活塞杆被划伤	（1）更换密封件 （2）清除异物，加装防尘罩 （3）修补或更换活塞杆
5	活塞两端窜气	（1）活塞密封圈损坏 （2）润滑不良 （3）活塞被卡住 （4）密封面混入了杂质	（1）更换密封圈 （2）检查油雾器是否失灵 （3）重新安装调整使活塞杆不受偏心和横向载荷 （4）清洗除去杂质，加装过滤器
6	缓冲效果不良	（1）缓冲密封圈磨损 （2）调节螺钉损坏 （3）气缸速度太快	（1）更换密封圈 （2）更换调节螺钉 （3）注意缓冲机构是否合适

2. 气动马达的常见故障诊断与维修方法

叶片式气动马达的常见故障诊断与维修方法如表 7-6 所示。

表 7-6　　　　　叶片式气动马达的常见故障诊断与维修方法

序号	故障现象	故障原因	维修方法
1	叶片严重磨损	（1）空气中混入了杂质 （2）长期使用造成严重磨损 （3）断油或供油不足	（1）清除杂质 （2）更换叶片 （3）检查供油器，保证润滑
	前后气缸盖磨损严重	（1）轴承磨损，转子轴向窜动 （2）衬套选择不当	（1）更换轴承 （2）更换衬套
	定子内孔有纵向波浪槽	（1）长期使用 （2）杂质混入了配合面	（1）更换定子 （2）清除杂质或更换定子
	叶片折断	转子叶片槽喇叭口太大	更换转子
2	叶片卡死	叶片槽间隙不当或变形	更换叶片

活塞式气动马达的常见故障诊断与维修方法如表 7-7 所示。

表 7-7　　　　　活塞式气动马达的常见故障诊断与维修方法

序号	故障现象	故障原因	维修方法
1	运行中突然不转	（1）润滑不良 （2）气阀卡死、烧伤 （3）曲轴、连杆和轴承磨损 （4）气缸螺钉松动 （5）配气阀堵塞、脱焊	（1）加强润滑 （2）更换气阀 （3）更换磨损的零件 （4）拧紧气缸螺钉 （5）清洗配气阀，重焊

续表

序号	故障现象	故障原因	维修方法
2	功率转速显著下降	（1）气压低 （2）配气阀装反 （3）活塞环磨损	（1）调整压力 （2）重装 （3）更换活塞环
3	耗气量太	（1）缸、活塞环、阀套磨损 （2）管路系统漏气	（1）更换磨损的零件 （2）检修气路

习　题

1. 解释气压传动和气压传动系统。
2. 简述气压传动系统的组成和工作原理。
3. 简述气压传动的优缺点。
4. 简述空气压缩机的结构和工作原理。
5. 简述空气过滤器的拆装步骤和方法。
6. 简述普通型单活塞杆式双作用气缸的结构和工作原理。
7. 简述叶片式气动马达的结构和工作原理图。
8. 简述普通型单活塞杆式双作用气缸的拆装步骤和方法。

气动控制元件包括压力、方向、流量控制阀，其作用是对系统中工作介质的压力、流量、方向进行控制和调节，以满足气缸、气动马达等执行元件不同的动作要求，它是直接影响气动系统工作过程和工作特性的重要元器件。

气动辅助元件有油雾器、消声器、转换器、管道及管接头。

本任务的要求是按规范拆装气动控制元件、气动辅助元件的结构和工作原理，学会气动控制元件、气动辅助元件的拆装方法。

任务一 压力阀拆装

一、任务分析

压力阀是是压力控制阀的简称，它是控制气压传动系统的压力或利用压力的变化来实现某种动作的阀。这类阀的共同点是利用作用在阀芯上的气压力和弹簧力相平衡的原理来工作。按用途不同，可分溢流阀、减压阀和顺序阀等。

本任务的要求是按规范拆装减压阀、溢流阀和顺序阀，弄清减压阀、溢流阀和顺序阀的结构和工作原理，学会拆装减压阀、溢流阀和顺序阀。

二、相关知识

1. 减压阀的结构和工作原理

气动系统不同于液压系统，一般每一个液压系统都自带液压源（液压泵）；而在气动系统中，一般来说，由空气压缩机先将空气压缩，储存在储气罐内，然后经管路输送给各个气动装置使用。而储气罐的空气压力往往比各台设备实际所需要的压力高些，同时其压力波动值也较大。因此需要用减压阀将其压力减到每台装置所需的压力，并使减压后的压力稳定在所需压力值上。

减压阀有直动式和先导式两种。先导式减压阀又分为内部先导式减压阀和外部先导式减压阀两种。

（1）直动式减压阀结构和工作原理

图 8-1 所示为 QTY 型直动式减压阀结构、工作原理和图形符号图。它由手柄 1、调压弹簧 2

和3、溢流口4、膜片5、膜片室6、阻尼孔7、阀杆8、复位弹簧9、阀口10、排气孔11等组成。

（a）结构、工作原理图　　　　　　（b）图形符号图

1—手柄；2、3—调压弹簧；4—溢流口；5—膜片；6—膜片室；7—阻尼孔；
8—阀杆；9—复位弹簧；10—阀口；11—排气孔

图8-1　QTY型直动式减压阀的结构、工作原理和图形符号图

当阀处于工作状态时，压缩空气从左端输入，经阀口10节流减压后再从阀出口流出。调节手柄1，压缩弹簧2、3推动膜片5下凹，并通过阀杆8使阀芯下移，打开进气阀口10，压缩空气通过阀口节流作用，使输出空气压力低于输入压力，以实现减压作用。与此同时，输出气流的一部分由阻尼孔7进入膜片室6，在膜片5的下方产生一个向上的推力，这个推力总是企图把阀口开度关小，使其输出压力下降。当作用于膜片上的推力与弹簧力相平衡后，减压阀的输出压力便保持一定。阀口10开度越小，节流作用越强，压力下降也越多。

当输入压力发生波动时，如输入压力瞬时升高，经阀口10以后的输出压力也随之升高，使膜片室内的压力也升高，破坏了原来的力的平衡，使膜片5向上移动，有少量气体经溢流口4、排气孔11排出。在膜片上移的同时，因复位弹簧9的作用，使输出压力下降，直到新的平衡产生为止。重新平衡后的输出压力又基本上恢复至原值。反之，输出压力瞬时下降，膜片下移，进气口开度增大，节流作用减小，输出压力又基本上回升至原值。

调节手柄1使弹簧2、3恢复自由状态，输出压力降至零，阀芯在复位弹簧9的作用下，关闭进气阀口，这样，减压阀便处于截止状态，无气流输出。

QTY型直动式减压阀的调压范围为0.05MPa～0.63MPa。为限制气体流过减压阀所造成的压力损失，规定气体通过阀内通道的流速在15m/s～25m/s范围内。

（2）先导式减压阀的结构和工作原理

图8-2所示为内部先导式减压阀结构、工作原理和图形符号图。它由固定节流孔1、喷嘴2、挡板3、上气室4、中气室5、下气室6、阀杆7、排气孔8、阀口9等组成。

当气流从左端流入阀体后，一部分经进气阀口9流向输出口；另一部分经固定节流口1进入

中气室 5，然后经喷嘴 2、挡板 3、孔道反馈至下气室 6，再经阀杆 7 中心孔及排气孔 8 排出。

（a）结构、工作原理图　　　　　（b）图形符号图

1—固定节流孔；2—喷嘴；3—挡板；4—上气室；5—中气室；6—下气室；7—阀杆；8—排气孔；9—阀口

图 8-2　内部先导式减压阀的结构、工作原理和图形符号图

把手柄旋到一定位置，使喷嘴挡板的距离在工作范围内，减压阀进入工作状态。中气室 5 的压力随喷嘴与挡板间的距离的减小而增大，于是推动阀芯打开进气阀口 9，立即有气流流到出口，同时经孔道反馈到上气室 4，与调压弹簧相平衡。

若输入压力瞬时升高，输出压力也相应升高，通过孔口的气流使下气室 6 的压力也升高，破坏了膜片原有的平衡，使阀杆 7 上升，节流阀口减小，节流作用增强，输出压力下降，使膜片两端作用力重新平衡，输出压力恢复到原来的调定值。当输出压力瞬时下降时，经喷嘴挡板的放大也会引起中气室 5 的压力比较明显地提高而使阀芯下移，阀口开大，输出压力升高并稳定在原来的数值上。

安装减压阀时，要按气流的方向和减压阀上所示的箭头方向，依照分水滤气器—减压阀—油雾器的安装次序进行安装。调压时应由低向高调，直至到规定的调压值。阀不用时应把手柄放松，以免膜片经常受压变形。

2. 溢流阀的结构和工作原理

溢流阀的作用是当气动系统的压力上升到调定值时，与大气相通以保持系统压力的调定值。它可分为直动式溢流阀和先导式溢流阀两种。

图 8-3 所示为直动式溢流阀结构、工作原理和图形符号图，它由调节螺钉 1、弹簧 2、活塞 3、阀体等组成。

当系统中气体压力在调定范围内时，作用在活塞 3 上的压力小于弹簧 2 的力，活塞处于关闭状态（如图 8-3（a）所示）。当系统压力升高，作用在活塞 3 上的压力大于弹簧的预定压力时，活塞 3 向上移动，阀门开启排气（如图 8-3（b）所示）。直到系统压力降到调定范围以下，活塞又重新关闭。开启压力的大小与弹簧的预压量有关。

3. 顺序阀的结构和工作原理

顺序阀是依靠气路中压力大小来控制气动回路中各执行元件动作的先后顺序的压力控制阀。顺序阀一般很少单独使用，往往与单向阀配合在一起，构成单向顺序阀。图 8-4 所示为单向顺

序阀的结构、工作原理和图形符号图。当压缩空气由左端进入阀腔后，作用于活塞3上的气压力超过压缩弹簧2上的张力时，将活塞顶起，压缩空气从A口输出，如图8-4（a）所示，此时单向阀4在压差及弹簧力的作用下处于关闭状态。反向流动时，输入侧变成排气口，输出侧压力将顶开单向阀4由O口排气，如图8-4（b）所示。

调节旋钮就可改变单向顺序阀的开启压力，以便在不同的开启压力下，控制执行元件的顺序动作。

（a）关闭状态时的结构、工作原理图

（b）开启状态时的结构、工作原理图

（c）图形符号图

1—调节螺钉；2—弹簧；3—活塞

图8-3　直动式溢流阀结构、工作原理和图形符号图

（a）关闭状态时的结构、工作原理图

（b）开启状态时的结构、工作原理图

（c）图形符号图

1—调节手柄；2—弹簧；3—活塞；4—单向阀

图8-4　单向顺序阀结构、工作原理和图形符号图

三、任务实施

图8-1所示为QTY型直动式减压阀的结构、工作原理和图形符号图，我们以这种阀为例说明减压阀的拆装步骤和方法。

（1）准备好内六角扳手一套、耐油橡胶板一块、油盘一个等器具。

（2）将调压手柄1完全松开，再卸下手柄1及推杆。

（3）卸下减压阀上体和下体上的连接螺钉，将它们分开。

（4）卸下调压弹簧2、3。

（5）卸下膜片5。

（6）卸下阀芯下的螺母，取出复位弹簧9、阀杆8及阀芯。

（7）观察主要零件的结构和作用。

（8）按拆卸的相反顺序装配，即后拆的零件先装配，先拆的零件后装配。装配时应注意以下几点。

① 装配前应认真清洗各零件，并将配合零件表面涂润滑油。

② 检查各零件的油孔、油路是否畅通、是否有尘屑，若有，重新清洗。

③ 装配中注意两根弹簧及溢流阀阀座之间的装配关系。

④ 阀芯、阀杆装入阀体后，应运动自如。

⑤ 阀体上体和下体平面应完全贴合后，才能用螺钉连接，螺钉要分两次拧紧，并按对角线顺序进行。

（9）将阀外表面擦拭干净，整理工作台。

四、知识拓展

1. 减压阀的常见故障诊断与维修方法

减压阀的常见故障诊断与维修方法如表 8-1 所示。

表 8-1   减压阀的常见故障诊断与维修方法

序号	故障现象	故障原因	维修方法
1	输出压力升高	（1）阀内弹簧损坏 （2）阀座有伤痕，或阀座橡胶剥离损坏 （3）阀体中央进入灰尘，阀导向部分粘附异物 （4）阀芯导向部分和阀体的 O 型密封圈收缩、膨胀	（1）更换阀内弹簧 （2）更换阀体 （3）清洗、检查滤清器 （4）更换 O 形密封圈
2	压力降过大	（1）阀口径偏小 （2）阀底部积存冷凝水；阀内混入异物	（1）更换口径大的减压阀 （2）清洗、检查滤清器
3	外部总是漏气	（1）溢流阀座有伤痕 （2）膜片破裂 （3）由出口处进入背压空气 （4）密封垫片损坏 （5）手轮止动弹簧螺母松动	（1）更换溢流阀座 （2）更换膜片 （3）检查出口处的装置 （4）更换密封垫片 （5）拧紧手轮止动弹簧螺母
4	异常震动	（1）弹簧的弹力减弱，弹簧错位 （2）阀体的中心，阀杆的中心错位 （3）因空气消耗量周期变化使阀不断开启、关闭，与减压阀引起共振	（1）把弹簧调整到正常位置，更换弹力减弱的弹簧 （2）检查并调整位置偏差 （3）和制造厂协商或更换
5	拧动手轮但不能减压	（1）溢流阀溢流孔堵塞 （2）使用了非溢流式减压阀	（1）清扫、检查过滤器 （2）更换溢流式减压阀

2. 溢流阀的常见故障诊断与维修方法

溢流阀的常见故障诊断与维修方法如表 8-2 所示。

表8-2 溢流阀的常见故障诊断与维修方法

序号	故障现象	故障原因	维修方法
1	压力虽超过调定值，但不溢流	（1）阀内部的孔堵塞 （2）阀的导向部分进入了异物	（1）清洗或疏通堵塞孔 （2）清洗阀的导向部分
2	压力虽没有超过调定值，但在出口却溢流空气	（1）阀内进入异物 （2）阀座损坏 （3）调压弹簧失灵	（1）清洗 （2）更换阀座 （3）更换调压弹簧
3	溢流时发生振动（主要发生在膜片式阀上），其启闭压力差较小	（1）压力上升速度很慢，溢流阀放出流量多，引起阀振动 （2）因从气源到溢流阀之间被节流，溢流阀进口压力上升慢而引起振动	（1）出口侧安装针阀微调溢流量，使其与压力上升量匹配 （2）增大气源到溢流阀的管道口径，以消除节流
4	从阀体或阀盖向外漏气	（1）膜片破裂 （2）密封件损坏	（1）更换膜片 （2）更换密封件

任务二　方向阀拆装

一、任务分析

方向阀是控制压缩空气的流动方向和气路的通断，以控制执行元件动作的一类气动控制元件，它是气动系统中应用最多的一种控制元件。

方向阀按气流在阀内的流动方向可分为单向型方向阀和换向型方向阀。

本任务的要求是按规范拆装常见方向阀，弄清常见方向阀的结构和工作原理，学会拆装各种常见方向阀。

二、相关知识

1. 单向型方向阀的结构和工作原理

单向型的方向阀包括单向阀、或门型梭阀、与门型梭阀和快速排气阀。

（1）单向阀的结构和工作原理

单向阀可分普通单向阀和气控单向阀。

① 普通单向阀的结构和工作原理

普通单向阀只许气流在一个方向上通过，而在相反方向上则完全关闭。

图8-5所示为普通单向阀的结构、工作原理和图形符号图，它由阀体1、阀芯2、弹簧3等组成。图示位置为阀芯在弹簧力作用下关闭的情形。当压缩空气从P口进入时，作用在阀芯上的气压力克服弹簧张力和摩擦力将阀芯向左推开，P与A接通，气流从P口流向A口，这种流动称为正向流动。为了保证气流从P口到A口稳定流动，应在P口到A口之间保持一定的压力差，使阀保持在开启位置，若在A口加入气压，由于气压力和弹簧张力同向，P与A不通，即气流不能反向流动。

② 气控单向阀的结构和工作原理

图8-6所示为气控单向阀的结构、工作原理、图形符号和应用示例图，这种阀在X控制口

无控制气流时，与普通单向阀一样，只允许气流从 P 口流向 A 口，不允许气流反向流动；在 X 控制口有控制气流时，气流可从 A 口向 P 口流动。

(a) 结构、工作原理图　　　　　　　　(b) 图形符号图

1—阀体；2—阀芯；3—弹簧；4、5—密封件

图 8-5　普通单向阀的结构、工作原理和图形符号图

这种单向阀可用来封住气缸的排气口，使气缸运动停在任意位置，如图 8-6（c）所示。

(a) 结构、工作原理图　　　　　(b) 图形符号图　　　　(c) 应用示例

图 8-6　气控单向阀的结构、工作原理、图形符号和应用示例图

（2）或门型梭阀的结构和工作原理

图 8-7 所示为或门型梭阀的结构、工作原理和图形符号图，它有两个输入口 P_1 和 P_2，一个输出口 A，阀芯在两个方向上起单向阀的作用。其中 P_1 和 P_2 都可与 A 口相通，但 P_1 与 P_2 不相通。当 P_1 口进气时，阀芯右移，封住 P_2 口，使 P_1 与 A 相通，A 口输出。反之，P_2 口进气时，阀芯左移，封住 P_1 口，使 P_2 与 A 相通，A 口也有输出。若 P_1 口与 P_2 口都进气时，阀芯移向低压侧，则高压口的通道打开，低压口则被封闭，高压气流从 A 口输出。如果两侧压力相等，则先加入压力一侧与 A 相通，后加入一侧关闭。

（3）与门型梭阀的结构和工作原理

与门型梭阀又称双压阀，它的结构、工作原理和图形符号图如图 8-8 所示，它有两个输入口 P_1 和 P_2，一个输出口 A，只有 P_1 和 P_2 同时有输入时，A 才有输出，否则 A 无输出；当 P_1 和 P_2

压力不相等时，则关闭高压侧，低压侧与 A 相通。

（a）结构、工作原理图 　　　　　（b）图形符号图

图 8-7　气控单向阀的结构、工作原理和图形符号图

（a）结构、工作原理图 　　　　　（b）图形符号图

图 8-8　与门型梭阀的结构、工作原理和图形符号图

（4）快速排气阀的结构和工作原理

快速排气阀简称排气阀，它可使气缸快速排气。

图 8-9 所示为快速排气阀的结构、工作原理和图形符号图，它常被安装在气缸排气口，当 P 腔有压力时，膜片 1 被压下，堵住排气口 O，气流经膜片 1 四周小孔流向 A 腔，当 P 腔排空时，A 腔压力将膜片顶起，接通 A 和 O 通路，A 腔气体可快速排出。

（a）结构、工作原理图 　　　　　（b）图形符号图

图 8-9　快速排气阀的结构、工作原理和图形符号图

2. 换向型方向阀的结构和工作原理

换向型方向阀的作用是通过改变气流通道，改变气流方向，以改变执行元件运动方向。按控制方式可分为气动控制式、电磁控制式、手动控制式、机动控制式换向型方向阀等。

（1）单气控换向阀的结构和工作原理

图 8-10 所示为二位三通单气控换向阀的结构、工作原理和图形符号图，当 K 控口无气控信号时（图示状态），阀芯在弹簧的作用下处于上端位置，使阀口 A 与 O 相通，A 口排气。当 K 控口有气控信号时，由于气压力的作用，阀芯压缩弹簧下移，使阀口 A 与 O 断开，P 与 A 接通，A 口有气体输出。

（a）结构、工作原理图　　　　　（b）图形符号图

图 8-10　二位三通单气控换向阀的结构、工作原理和图形符号图

这种换向阀结构简单、紧凑、密封可靠、换向行程短，但换向力大。若将气控接头换成电磁头（即电磁先导阀），可变气控阀为先导式电磁换向阀。

（2）双气控换向阀的结构和工作原理

图 8-11 所示二位五通双气控换向阀的结构、工作原理和图形符号图，当 K_2 有气控信号时，阀芯向左边移动，其通路状态是 P 与 A，B 与 O 相通。当 K_1 有气控信号时，阀芯向右移动，其通路状态变为 P 与 B，A 与 O 相通。双气控滑阀具有记忆功能，即气控信号消失后，阀仍能保持在有信号时的工作状态。

（a）结构、工作原理图　　　　　　　　（b）图形符号图

1—钢球；2—定位环；3—限位环

图 8-11　二位五通双气控换向阀的结构、工作原理和图形符号图

（3）电磁换向阀的结构和工作原理

图 8-12 所示为二位三通直动式电磁换向阀的结构、工作原理和图形符号图，它由阀体 1、复位弹簧 2、动铁芯 3、连接板 4、线圈 5、隔磁套管 6、分磁环 7、静铁芯 8、接线盒 9 等组成。图示位置为阀处于关闭状态的情形，动铁芯在弹簧力作用下，使铁芯上的密封垫与阀座保持良好的密封，此时，P 与 A 不通，A 与 O 相通，阀没有输出。当电磁铁通电时，动铁芯受电磁力作用被吸上来，于是 P 与 A 相通，排气口封闭，阀有输出。

（a）结构、工作原理图　　　　　　　　　（b）图形符号图

1—阀体；2—复位弹簧；3—动铁芯；4—连接板；5—线圈；6—隔磁套管；7—分磁环；8—静铁芯；9—接线盒

图 8-12　二位三通直动式电磁换向阀的结构、工作原理和图形符号图

（4）先导式电磁换向阀的结构和工作原理

直动式电磁阀是由电磁铁直接推动阀芯移动的，当阀通径较大时，用直动式结构所需的电磁铁体积和电力消耗都必然加大，为克服此弱点可采用先导式结构。

先导式电磁阀是由电磁铁首先控制气路，产生先导压力，再由先导压力推动主阀阀芯，使其换向。

图 8-13 所示为二位五通先导式电磁换向阀的结构、工作原理和图形符号图。当电磁先导阀 1 的线圈通电，而先导阀 2 断电时（如图 8-13（a）所示），由于主阀 3 的 K_1 腔进气，K_2 腔排气，使

（a）先导阀 1 通电，先导阀 2 断电的状态　　（b）先导阀 1 断电，先导阀 2 断电的状态　　（c）图形符号图

1、2—先导阀；3—主阀芯

图 8-13　二位五通先导式电磁换向阀的结构、工作原理和图形符号图

主阀阀芯向右移动。此时 P 与 A 相通，B 与 O_2 相通，A 口进气、B 口排气。当电磁先导阀 2 通电，而先导阀 1 断电时（如图 8-13（b）所示），主阀的 K_2 腔进气，K_1 腔排气，使主阀阀芯向左移动。此时 P 与 B 相通，A 与 O_1 相通，B 口进气、A 口排气。先导式双电控电磁阀具有记忆功能，即通电换向，断电保持原状态。为保证主阀正常工作，两个电磁阀不能同时通电，电路中要考虑互锁。

先导式电磁换向阀便于实现电、气联合控制，所以应用广泛。

三、任务实施

1. 单向阀的拆装

图 8-5 所示为普通单向阀的结构、工作原理和图形符号图，我们以这种阀为例说明单向型方向阀的拆装步骤和方法。

（1）准备好内六角扳手一套、耐油橡胶板一块、油盘一个等器具。

（2）卸下 P 口和 A 口的密封圈。

（3）卸下弹簧座，取下弹簧 3、阀芯 2、密封件 4 等。

（4）观察主要零件的结构和作用。

（5）按拆卸的相反顺序装配，即后拆的零件先装配，先拆的零件后装配。装配时应注意以下几点。

① 装配前应认真清洗各零件，并将配合零件表面涂润滑油。

② 检查各零件的油孔、油路是否畅通、是否有尘屑，若有重新清洗。

③ 阀芯装入阀体后，应运动自如。

（6）将阀外表面擦拭干净，整理工作台。

2. 换向型方向阀的拆装

图 8-12 所示为二位三通直动式电磁换向阀的结构、工作原理和图形符号图，我们以这种阀为例说明换向型方向阀的拆装步骤和方法。

（1）准备好内六角扳手一套、耐油橡胶板一块、油盘一个等器具。

（2）卸下接线盒 9。

（3）卸下电磁铁。

（4）卸下动铁芯 3。

（5）卸下 P 口密封圈。

（6）卸下复位弹簧 2。

（7）观察主要零件的结构和作用。

（8）按拆卸的相反顺序装配，即后拆的零件先装配，先拆的零件后装配。装配时应注意以下几点。

① 装配前应认真清洗各零件，并将配合零件表面涂润滑油。

② 检查各零件的油孔、油路是否畅通、是否有尘屑，若有，重新清洗。

③ 阀芯装入阀体后，应运动自如。

（9）将阀外表面擦拭干净，整理工作台。

四、知识拓展

1. 换向型方向阀的常见故障诊断与维修方法

换向型方向阀的常见故障诊断与维修方法如表 8-3 所示。

表 8-3 　　　　　　　　　　　　换向型方向阀的常见故障诊断与维修方法

序号	故障现象	故障原因	维修方法
1	不能换向	(1) 阀的滑动阻力大，润滑不良 (2) O 形密封圈变形 (3) 粉尘卡住滑动部分 (4) 弹簧损坏 (5) 阀操纵力小 (6) 活塞密封圈磨损 (7) 膜片破裂	(1) 加强润滑 (2) 更换密封圈 (3) 清除粉尘 (4) 更换弹簧 (5) 检查阀操纵部分 (6) 更换密封圈 (7) 更换膜片
2	阀产生振动	(1) 空气压力低（对于先导型电磁换向阀） (2) 电源电压低（对于直动式电磁阀）	(1) 提高操纵压力，采用直动式电磁阀 (2) 提高电源电压，使用低电压线圈
3	交流电磁铁有蜂鸣声	(1) 活动铁芯的铆钉脱落、铁芯叠层分开不能吸合 (2) 粉尘进入铁芯的滑动部分，使活动铁芯不能密切接触 (3) 短路环损坏 (5) 电源电压低 (6) 外部导线拉得太紧	(1) 更换铁芯组件 (2) 清除粉尘，必要时更换铁芯组件 (3) 更换固定铁芯 (5) 提高电源电压 (6) 引线应宽裕
4	电磁铁动作时间偏差大，或有时不能动作	(1) 活动铁芯锈蚀，不能移动 (2) 在湿度高的环境中使用气动元件时，由于密封不完善而向磁铁部分泄漏空气 (3) 电源电压低 (4) 粉尘等进入活动铁芯的滑动部分，使运动恶化	(1) 铁芯除锈 (2) 修理好对外部的密封，更换坏的密封件 (3) 提高电源电压或使用符合电压的线圈 (4) 清除粉尘
5	线圈烧毁	(1) 环境温度高 (2) 换向过于频繁 (3) 因为吸引时电流大，单位时间耗电多，温度升高，使绝缘损坏而短路 (4) 粉尘夹在阀和铁芯之间，不能吸引活动铁芯 (5) 线圈上残余电压	(1) 按产品规定温度范围使用 (2) 使用高频电磁阀 (3) 使用气动逻辑回路 (4) 清除粉尘 (5) 使用正常电源电压，使用符合电压的线圈
6	切断电源，活动铁芯不能复位	粉尘落入活动铁芯滑动部分	清除粉尘

2. 气动逻辑元件的结构和工作原理

气动逻辑元件是一种气动控制元件。它是在控制气压信号作用下，通过气动元件内部的可动部分（如膜片、阀心等）来改变气流运动方向，从而实现各种逻辑功能的。

逻辑元件也称开关件。气动逻辑元件具有气流通道孔径较大，抗污染能力强、结构简单、成本低、工作寿命长、响应速度慢等特点。

气动逻辑元件按工作压力可分为高压元件（工作压力为 0.2MPa ~ 0.8MPa）、低压元件（工作压力为 0.02MPa~0.2MPa）及微压元件（工作压力为 0.02MPa 以下）。

气动逻辑元件按逻辑功能分为与门元件、或门元件、非门元件、或非元件、与非元件、双稳元件等，常见的有滑阀式、截止式、膜片式等。它们之间的不同组合可完成不同的逻辑功能。

（1）"与"功能阀（双压阀）的结构和工作原理

如图 8-14（a）所示，当只有一个输入口有气信号输入时，输出口 2 口无信号输出。如图 8-14（b）所示，当两个输入口同时均有气信号时，输出口 2 才有信号输出。

（a）只有一个输入口有气信号，2口无信号输出　　（b）两个输入口有气信号，2口有信号输出

图 8-14　"与"功能阀的结构和工作原理图

这种双压阀主要用于互锁控制、安全控制、检查功能或者逻辑操作，它相当于两个输入元件串联。

（2）"或"功能阀（梭阀）的结构和工作原理

如图 8-15 所示，梭阀有两个输入口和一个输出口。若在一个输入口上有气信号，则与该输入口相对的阀口就被关闭，且在输出口 2 上有气信号输出。注意：其与双压阀在结构上的相似性。

（a）左边一个输入口有气信号，2口有信号输出　　（b）右边一个输入口有气信号，2口也有信号输出

图 8-15　"或"功能阀（梭阀）的结构和工作原理图

若在梭阀的一个输入口上有气信号，则与该输入口相对的阀口就被关闭，在输出口 2 上有气信号输出。这种阀具有"或"逻辑功能，即只要在任一输入口上有气信号，在输出口 2 上就会有气信号输出。

（3）"非"功能阀的结构和工作原理图

如图8-16所示，"非"功能阀有一个输入口p、一个控制口a和一个输出口s，图8-16（a）中，p接气源，当a口上有气信号，则膜片3压下阀芯2，s口没有输出。图8-16（b），p接气源，当a口上无气信号，则阀芯2在p口气压力的作用下抬起，膜片3抬起，s口有输出。

（a）a口上有气信号，s口没有输出   （b）a口上无气信号，s口有输出

1—阀体；2—阀芯；3—膜片

图8-16　"非"功能阀的结构和工作原理图

（4）"双稳"元件的结构和工作原理图

如图8-17所示，双稳元件有两个控制口A、B，有两个工作口s_1、s_0，有一个气源口P，有一个排气口O。图8-17（a）所示为控制口B有控制气信号，气源与s_0相通，s_1与排气口O相通。图8-17（b）所示为控制口B的信号从有变为无时，双稳元件阀芯不动，双稳元件的工作情况不变，这种现象称为记忆功能。图8-17（c）为控制口A有控制气信号，气源与s_1相通，s_0与排气口O相通。图8-17（d）为控制口A的信号从有变为无时，双稳元件的阀芯不动，双稳元件的工作情况不变，即记忆功能。所以，双稳元件又称为双记忆元件，它能将控制信号起作用时的状态记忆下来，直到下一个控制信号起作用时状态才改变。

（a）控制口B有控制气信号，s_1与O相通   （b）控制口B的信号从有变为无时，双稳元件
　　　　　　　　　　　　　　　　　　　　　　　　的工作情况不变

（c）控制口A有控制气信号，s_0与O相通   （d）控制口A的信号从有变为无时，双稳元件
　　　　　　　　　　　　　　　　　　　　　　　　的工作情况不变

图8-17　双稳元件的结构和工作原理图

2. 二位三通单（双）气控换向阀的逻辑功能

二位三通单（双）气控换向阀的逻辑功能如表 8-4 所示。

表 8-4   二位三通单（双）气控换向阀的逻辑功能

逻辑门	接线图	原理说明
是门		a 为控制信号，p 接气源，s 为输出 a 有控制信号，s 有输出 a 无控制信号，s 与排气口相通，无输出
非门		a 有控制信号，s 与排气口相通，无输出 a 无控制信号，s 与气源口 p 相通，s 有输出
与门		只有 a、b 同时有信号，s 才有输出
或门		只有 a、b 同时无信号，s 才无输出
或非门		只有 a、b 同时无信号，s 才有输出
双稳元件		此时用二位三通双气控换向阀。a 有控制信号，s_1 有输出。在此条件下，a 无控制信号，s_1 有输出。b 有控制信号，s_0 有输出。在此条件下，b 无控制信号，s_0 还有输出。即双记忆功能

任务三   流量阀拆装

一、任务分析

在气动系统中，通常需要对压缩空气的流量进行控制，如控制气缸的运动速度、控制换向阀的切换时间和气动信号的传递速度等，这些都需要调节压缩空气的流量来实现。流量控制阀就是通过改变阀的通流截面积来实现流量控制的元件。流量控制阀包括节流阀、单向节流阀、排气节流阀等。

本任务的要求是按规范拆装节流阀、单向节流阀、排气节流阀，弄清流阀、单向节流阀、排气节流阀的结构和工作原理，学会拆装节流阀、单向节流阀、排气节流阀。

二、相关知识

1. 节流阀的结构和工作原理

图 8-18 所示为圆柱斜切型节流阀的结构、工作原理和图形符号图，它由圆柱斜切型阀芯、阀体等组成。压缩空气由 P 口进入，经过节流后，由 A 口流出。旋转阀芯螺杆，就可改变节流口的开度，这样就调节了压缩空气的流量。由于这种节流阀的结构简单、体积小，故应用范围较广。

（a）结构、工作原理图　　　　（b）图形符号图

图 8-18　圆柱斜切型节流阀的结构、工作原理和图形符号图

2. 单向节流阀的结构和工作原理

图 8-19 所示为单向节流阀的结构、工作原理和图形符号图，它是由单向阀和节流阀组合而成的流量阀，常用作气缸的速度控制阀，其节流阀阀口为针形结构，当气流从 A 流入时，顶开单向阀，气流从 O 口流出；当气流从 P 口进入时，单向阀关闭，气流经节流口流向 A 口。

（a）结构、工作原理图　　　　（b）图形符号图

图 8-19　单向节流阀的结构、工作原理和图形符号图

3. 排气节流阀的结构和工作原理

图 8-20 所示为排气节流阀的结构、工作原理和图形符号图，排气节流阀安装在执行元件的排气口处气流进入阀内，由节流阀口 1 节流后经消声器 2 排出，因此它不仅能调节执行元件的运

动速度，而且还能降低排气噪声。

（a）结构、工作原理图　　　　　　　（b）图形符号图

1—节流阀；2—消声器

图8-20　排气节流阀的结构、工作原理和图形符号图

三、任务实施

1. 节流阀的拆装

节流阀的拆装如图8-18所示。

（1）准备好内六角扳手一套、耐油橡胶板一块、油盘一个等器具。

（2）卸下斜切型阀芯上螺母。

（3）卸下圆柱斜切型阀芯。

（4）观察主要零件的结构和作用。

（5）按拆卸的相反顺序装配，即后拆的零件先装配，先拆的零件后装配。装配时应注意以下几点。

① 装配前应认真清洗各零件，并将配合零件表面涂润滑油。

② 检查各零件的油孔、油路是否畅通、是否有尘屑，若有，重新清洗。

（6）阀外表面擦拭干净，整理工作台。

2. 单向节流阀的拆装

单向节流阀的拆装如图8-19所示。

（1）准备好内六角扳手一套、耐油橡胶板一块、油盘一个等器具。

（2）卸下单向阀的弹簧座，取出单向阀弹簧、钢球等。

（3）卸下节流阀阀芯。

（4）观察主要零件的结构和作用。

（5）按拆卸的相反顺序装配，即后拆的零件先装配，先拆的零件后装配。装配时应注意如下几点。

① 装配前应认真清洗各零件，并将配合零件表面涂润滑油。

② 检查各零件的油孔、油路是否畅通、是否有尘屑，若有，重新清洗。

（6）将阀外表面擦拭干净，整理工作台。

3. 排气节流阀的拆装

排气节流阀的拆装如图8-20所示。

（1）准备好内六角扳手一套、耐油橡胶板一块、油盘一个等器具。

（2）卸下手轮。

（3）卸下左端盖。

（4）卸下节流阀阀芯和推杆。

（5）卸下消声器2。

（6）观察主要零件的结构和作用。

（7）按拆卸的相反顺序装配，即后拆的零件先装配，先拆的零件后装配。装配时应注意以下几点。

① 装配前应认真清洗各零件，并将配合零件表面涂润滑油。

② 检查各零件的油孔、油路是否畅通、是否有尘屑，若有重新清洗。

（8）将阀外表面擦拭干净，整理工作台。

四、知识拓展

单向节流阀的常见故障诊断与维修方法如表8-5所示。

表8-5　　　　　　　单向节流阀的常见故障诊断与维修方法

序号	故障现象	故障原因	维修方法
1	气缸虽然能动，但运动不圆滑	（1）单向节流阀的安装方向不对 （2）气缸运动途中负载有变动 （3）气缸运动速度小于50mm/s的气缸极限低速	（1）按规定方向重安装 （2）减少气缸的负载率 （3）低速极限为50mm/s，超过此极限宜用气液缸或气液转换器
2	气缸运动速度慢	和元件、配管比，单向节流阀的有效截流面积过小	更换合适的单向节流阀
3	微调困难	（1）节流阀有尘埃进入 （2）选择了比规定大得多的单向节流阀	（1）拆卸通路并清洗 （2）按规定选用单向节流阀
4	产生振动	单向节流阀中单向阀的开启压力接近气源压力，导致单向阀振动	改变单向阀的开启压力

任务四　气动辅助元件拆装

一、任务分析

气动辅助元件有油雾器、消声器、转换器、管道及管接头。

本任务的要求是按规范拆装油雾器、消声器、转换器，弄清油雾器、消声器、转换器的结构和工作原理，学会拆装油雾器、消声器、转换器。

二、相关知识

1. 油雾器的结构和工作原理

油雾器是一种特殊的注油装置。它以空气为动力，将润滑油喷射成雾状并混合于压缩空气中，随着压缩空气进入需要润滑的部件，达到润滑气动元件的目的。

油雾器分为一次油雾器和二次油雾器两种。图8-21所示为固定节流式普通型油雾器（一次油雾器）的结构、工作原理和图形符号图，它由立杆1、截止阀2、油杯3、吸油管4、单向阀5、测量调节针阀6、视油器7、油塞8等组成。当压缩空气由输入口进入油雾器后，绝大部分经主管道输出，一小部分气流进入立杆1上正对气流方向小孔a，经截止阀2进入油杯上腔c中，使油面受压。而立杆上背对气流方向的孔b，由于其周围气流的高速流动，其压力低于气流压力，这样，油面气压与孔b压力间存在压力差，润滑油在此压力差的作用下，经吸油管4、单向阀5和油量调节针阀6滴落到透明的视油器，并顺着油路被主管道中的高速气流从孔b引射出来，雾化后随压缩空气一同输出。

（a）主视图　　　　　（b）左视图　　　　　（c）图形符号图

1—立杆；2—截止阀；3—油杯；4—吸油管；5—单向阀；6—测量调节针阀；7—视油器；8—油塞

图8-21　固定节流式普通型油雾器的结构、工作原理和图形符号图

2. 消声器的结构和工作原理

在气压传动系统之中，气缸、气阀等元件工作时，排气速度较高，气体体积急剧膨胀，会产生刺耳的噪声。噪声的强弱随排气的速度、排量和空气通道的形状而变化。排气的速度和功率越大，噪声也越大，一般可达100dB～120dB，为了降低噪声可以在排气口装消声器。

消声器是通过阻尼或增加排气面积来降低排气速度和功率，从而降低噪声的。

气动元件使用的消声器一般有3种类型：吸收型消声器、膨胀干涉型消声器和膨胀干涉吸收型消声器。常用的是吸收型消声器。

图8-22所示为吸收型消声器的结构、工作原理和图形符号图，这种消声器主要依靠吸音材料消声。消声罩2为多孔的吸音材料，一般用聚苯乙烯或铜珠烧结而成。当消声器的通径小于20mm时，多用聚苯乙烯作消声材料制成消声罩；当消声器的通径大于20mm时，消声罩多用铜珠烧结，以增加强度。其消声原理：当有压气体通过消声罩1时，气流受到阻力，可使噪声降低约20dB。

（a）结构、工作原理图　　　　　（b）图形符号图

1、2—消声罩

图8-22　吸收型消声器的结构、工作原理和图形符号图

3. 转换器的结构和工作原理

转换器是一种可以将电、液、气信号发生相互转换的辅助元件。常用的有气电、电气和气液转换器几种。

气液转换器是一种把空气压力转换成相同液体压力的气动元件，根据气与油之间接触状况可分为隔离式和非隔离式两种结构。

图 8-23 所示为非隔离式气液转换的结构、工作原理和图形符号图，当压缩空气由上部输入后，经过管道的缓冲装置使压缩空气作用在液压油油面上，由转换器主体下部的排油孔输出到液压缸。

（a）结构、工作原理图　　　（b）图形符号图

图 8-23　非隔离式气液转换的结构、工作原理和图形符号图

4. 管道及管接头的结构和工作原理

管道可分为硬管和软管两种。如总气管和支气管等一些固定不动的、不需要经常装拆的场合，使用硬管。连接运动部件和临时使用、希望装拆方便的管路应使用软管。硬管有铁管、铜管、黄铜管、紫铜管和硬塑料管等；软管有塑料管、尼龙管、橡胶管、金属编织塑料管以及挠性金属导管等。常用的是紫铜管和尼龙管。

气动系统中使用的管接头的结构及工作原理与液压管接头基本相似，分为卡套式、扩口螺纹式、卡箍式、插入快换式等。

三、任务实施

1. 油雾器的拆装

油雾器的拆装如图 8-21 所示。

（1）准备好内六角扳手一套、耐油橡胶板一块、油盘一个等器具。

（2）卸下油杯 3。

（3）卸下油量调节针阀 6。

（4）卸下视油器 7。

（5）卸下油塞 8。

（6）卸下立杆 1。

（7）观察主要零件的结构和作用。

（8）按拆卸的相反顺序装配，即后拆的零件先装配，先拆的零件后装配。装配时应注意以下几点。

① 装配前应认真清洗各零件，并将配合零件表面涂润滑油。

② 检查各零件的油孔、油路是否畅通、是否有尘屑，若有，重新清洗。

（9）将油雾器外表面擦拭干净，整理工作台。

2. 消声器的拆装

消声器的拆装如图 8-22 所示。

（1）准备好内六角扳手一套、耐油橡胶板一块、油盘一个等器具。

（2）卸下消声罩。

（3）观察主要零件的结构和作用。

（4）按拆卸的相反顺序装配，即后拆的零件先装配，先拆的零件后装配。

（5）将消声器外表面擦拭干净，整理工作台。

3. 转换器的拆装

转换器的拆装如图8-23所示。

（1）准备好内六角扳手一套、耐油橡胶板一块、油盘一个等器具。

（2）卸下转换器上盖。

（3）卸下通气管。

（4）观察主要零件的结构和作用。

（5）按拆卸的相反顺序装配，即后拆的零件先装配，先拆的零件后装配。

（6）将转换器外表面擦拭干净，整理工作台。

四、知识拓展

油雾器的常见故障诊断与维修方法如表8-6所示。

表8-6　　　　　　　　　　　油雾器的常见故障诊断与维修方法

序号	故障现象	故障原因	维修方法
1	油不能滴下	（1）使用油的种类不对 （2）油雾器反向安装 （3）油道堵塞 （4）油面未加压 （5）因油质劣化流动性差 （6）油量调节螺钉不良	（1）更换正确的油品 （2）改变安装方向 （3）拆卸并清洗油道 （4）因通往油杯的空气通道堵塞，需拆卸修理 （5）清洗后换新的合适的油 （6）拆卸并清洗油量调节螺钉
2	油杯未加压	（1）通往油杯的空气通道堵塞 （2）油杯大、油雾器使用频繁	（1）拆卸修理 （2）加大通往油杯空气通孔，使用快速循环式油雾器
3	油滴数不能减少	油量调整螺丝失效	检修油量调整螺丝
4	空气向外泄漏	（1）合成树脂罩壳龟裂 （2）密封不良 （3）滴油玻璃视窗破损	（1）更换罩壳 （2）更换密封圈 （3）更换视窗
5	油杯破损	（1）用有机溶剂清洗 （2）周围存在有机溶剂	（1）更换油杯，使用金属杯或耐有机溶剂油杯 （2）与有机溶剂隔离

习 题

1. 简述 QTY 型直动式减压阀结构和工作原理。
2. 简述 QTY 型直动式减压阀的拆装步骤和方法。
3. 简述普通单向阀的结构和工作原理
4. 简述普通单向阀的拆装步骤和方法。
5. 简述二位三通直动式电磁换向阀的结构和工作原理。
6. 简述二位三通直动式电磁换向阀的拆装步骤和方法。
7. 简述固定节流式普通型油雾器的结构和工作原理。
8. 简述固定节流式普通型油雾器的拆装步骤和方法。

气压传动系统的故障可分为初期故障、突发故障和老化故障。

初期故障是指在调试阶段和开始运转两三个月内发生的故障。这类故障产生的原因：设计不当、元件加工装配不良、安装不符合要求等。

突发故障是指系统稳定运行阶段时发生的故障。如弹簧突然折断；三联件的油杯及水杯均为工程塑料，当它们接触了有机溶剂后强度会降低，使用时可能突然破裂；管道中杂质进入元件，造成元件卡死等。

老化故障是指系统中的元件达到使用寿命后发生的故障。根据元件的制造日期、运行日期及使用频率的高低可以对元件做出寿命故障的大致预测。这类故障一般会出现某些征兆，如漏气日渐严重、声音反常、气缸运动不平稳等。

任务一　气压传动系统常见故障诊断与维修

一、任务分析

本任务的要求是学会对系统没有气压、供压不足、系统出现异常高压、油泥太多、气缸不动作、动作卡滞、爬行、压缩空气中含水量高等常见故障进行诊断和维修。

二、相关知识

1. 气动基本回路的组成和工作原理

气压传动系统的形式很多，但是和液压传动系统一样，也是由不同功能的基本回路所组成的，常用的基本回路有压力控制回路、方向控制回路和速度控制回路等。

（1）压力控制回路的组成和工作原理

压力控制回路的作用是使系统保持在某一规定的压力范围内。常用的有一次压力控制回路、二次压力控制回路和高低压转换回路。

① 一次压力控制回路的组成和工作原理

图 9-1 所示为一次压力控制回路的组成和工作原理图，由空气压缩机 1 产生的压缩空气经冷却器 2 冷却后，进入储气罐 3，压缩空气由于冷却而分离出冷凝水，冷凝水存积于储气罐底部，

由自动排水器9排出，由储气罐出来的压缩空气经过滤器5再进入空气干燥器6进行除水，然后再通过油雾分离器7将油雾分离，即可供一般气动设备使用，供给回路的压力控制，可采用压力继电器8来控制空气压缩机的启动和停止，使储气罐内空气压力保持在规定的范围内。

1—空气压缩机；2—冷却器；3—储气罐；4—溢流阀；5—过滤器；6—干燥器；7—油雾分离器；
8—压力继电器；9—自动排水器

图9-1 一次压力控制回路的组成和工作原理图

② 二次压力控制回路的组成和工作原理

图9-2所示为二次压力控制回路的组成和工作原理，该回路由过滤器、减压阀和油雾器等组成。过滤器除去压缩空气的灰尘、水分等杂质；减压阀可使二次压力稳定；油雾器使油雾化后注入空气流中，对需要润滑的部件进行润滑。这3个元件组合在一起通常被称为气动调节装置（气动三联件）。

③ 高低压转换回路的组成和工作原理

图9-3所示为高低压转换回路的组成和工作原理图，该回路利用两个减压阀和一个二位三通的电磁换向阀，可获得低压或高压气源。如果去掉二位三通的电磁换向阀，就可同时获得输出高低压两种压缩空气。

图9-2 二次压力控制回路的组成和工作原理图

图9-3 高低压转换回路的组成和工作原理图

（2）方向控制回路的组成和工作原理

方向控制回路的作用是通过各种气动换向阀改变压缩空气流动方向，从而改变气动元件的运动方向的。

常见的换向控制回路有单作用气缸换向回路、双作用气缸换向回路。

① 单作用气缸换向回路的组成和工作原理

图9-4所示为二位三通电磁换向阀控制的单作用气缸换向回路的组成和工作原理图，当电磁换向阀断电（图示状态）时，二位三通电磁换向阀处于右位工作，气缸活塞杆在弹簧力的作用下，向左缩进；当电磁换向阀通电时，二位三通电磁换向阀处于左位工作，气缸活塞杆在压缩

空气作用下，向右伸出。

② 双作用气缸换向回路的组成和工作原理

图9-5所示为二位三通电磁换向阀控制的双作用气缸换向回路的组成和工作原理图，当电磁换向阀断电（图示状态）时，二位三通电磁换向阀处于右位工作，气缸的右腔进压缩空气，其左腔与大气相通排气，活塞杆向左缩进；当电磁换向阀通电时，二位三通电磁换向阀处于左位工作，气缸的左腔进压缩空气，其右腔与大气相通排气，活塞杆向右伸出。

图9-4 单作用气缸换向回路的组成和工作原理图　　　图9-5 双作用气缸换向回路的组成和工作原理图

（3）速度控制回路的组成和工作原理

速度控制回路的作用是通过控制进入执行元件的压缩空气的流量，来调节或改变执行元件的工作速度。

常见的速度控制回路有单作用气缸速度控制回路、双作用气缸速度控制回路、气液调速回路等。

① 单作用气缸速度控制回路的组成和工作原理

图9-6（a）所示为单作用气缸单向节流调速回路的组成和工作原理图，该回路气缸升降均通过节流阀调速，两个反向安装的单向阀节流阀，可分别控制活塞杆的伸出和缩回速度。

（a）单向节流调速回路的组成和工作原理图　　　（b）节流调速回路的组成和工作原理图

图9-6 单作用气缸速度控制回路的组成和工作原理图

图9-6（b）所示为单作用气缸节流调速回路的组成和工作原理图，该回路气缸上升时可调速，下降时则通过快速排气阀排气，使气缸快速返回。

② 双作用气缸速度控制回路的组成和工作原理

图9-7（a）所示为双作用气缸的进气节流调速回路的组成和工作原理图，在进气节流时，气缸排气腔压力很快降至大气压，而进气腔压力的升高比排气腔压力的降低慢。当进气腔压力产生的合力大于活塞静摩擦力时，活塞开始运动，由于动摩擦力小于静摩擦力，所以活塞运动速度较快，进气腔急剧增大，而由于进气节流限制了供气速度，使进气腔压力降低，从而容易造成气缸"爬行"现象。因此，进气节流调速回路多用于垂直安装的气缸支撑腔的调速回路中。

图9-7（b）所示为双作用气缸排气节流调速回路的组成和工作原理图，在排气节流时，排气腔内可以建立与负载相适应的背压，在负载保持不变或微小变动时，运动比较平稳，调节节流

阀的开度即可调节气缸往复运动的速度。从节流阀的开度和速度的比例性、初始加速度、缓冲能力来看，双作用气缸一般采用排气节流控制。

（a）双作用气缸的进气节流调速回路的组成和工作原理图　　（b）双作用气缸排气节流调速回路的组成和工作原理图

图9-7　双作用气缸速度控制回路的组成和工作原理图

③ 气液调速回路的组成和工作原理

图9-8所示为气液调速回路的组成和工作原理图，这种回路利用气液转换器，将气压变成液压，靠液压油驱动液压缸，从而得到平稳且容易控制的活塞运动速度。通过调节两个节流阀的开度实现气缸两个运动方向的速度控制。采用气液调速回路时应注意气液转换器的容积应大于液压缸的容积，气、液间的密封要好，避免气体混入油中。

（4）气动逻辑回路的组成和工作原理

① 逻辑"与"功能回路的组成和工作原理

逻辑"与"功能回路的组成和工作原理如图9-9所示。

图9-8　气液调速回路的组成和工作原理图

（a）　　　　　　　　　　（b）

图9-9　逻辑"与"功能回路的组成和工作原理

② 逻辑"或"功能回路的组成和工作原理

逻辑"或"功能回路的组成和工作原理如图9-10所示。

图 9-10　逻辑"或"功能回路的组成和工作原理图

③ 逻辑"非"功能回路的组成和工作原理

逻辑"非"功能回路的组成和工作原理如图 9-11 所示。

④ 记忆回路及速度控制回路的组成和工作原理

记忆回路及速度控制回路的组成和工作原理如图 9-12 所示。

图 9-11　逻辑"非"功能回路的组成和工作原理　　　图 9-12　记忆回路及速度控制回路的组成和工作原理

2. 气压传动系统故障诊断步骤和方法

气压传动系统故障诊断步骤和方法与液压传动系统故障诊断步骤和方法很相似。故障诊断也必须经过熟悉性能和资料、现场调查、了解情况、归纳分析、排除故障、总结经验等几个步骤。比较常用的方法有经验法和推理分析法。

（1）经验法

经验法是一种依靠实际经验并利用简单仪器对气动系统故障进行判断，找出故障发生部位及产生原因的方法。经验法可按中医诊断病人的 4 个字："望、闻、问、切"进行。

① 望

"望"就是用肉眼观察执行元件的运动速度有无异常变化；各测压点的压力表显示压力是否符合要求，有无大的波动；润滑油的质量和滴油量是否符合要求；冷凝水能否正常排出；换向阀排气口排出空气是否干净；电磁换向阀的指示灯是否正常；紧固螺钉和管接头有无松动；管道有无扭曲和压扁；有无明显振动存在等。

② 闻

"闻"包括耳闻和鼻闻。可以用耳朵听系统的噪声是否太大，有无漏气声；执行元件及控制阀的声音是否异常。可以用鼻子闻电磁换向阀线圈及密封圈有无发热而引起特殊气味。

③ 问

"问"就是查阅气动系统的技术档案，了解系统的工作程序、运行要求及主要技术参数；查阅产品样本，了解每个元件的作用、结构、功能和性能；查阅维护检查记录，了解日常维护保养工作情况；访问现场操作人员，了解设备运行情况，了解故障发生前的征兆及故障发生时的状况，了解曾经出现过的故障及排除方法。

④ 切

"切"就是用手摸以便感知运动件的温度是否太高，元件和管路有无振动等。

经验法简单易行，但由于每个人的感觉、实际经验和判断能力的差异，诊断故障会存在一定的局限性。

（2）推理分析法

推理分析法是一种将系统的故障从表面症状，用逻辑推理的方法从整体到局部、逐级细化、步步紧逼，从而推断出故障本质原因的分析方法。

推理分析法的原则如下。

① 由易到难、由简到繁、由表及里，逐一分析，排除故障。

② 优先查找故障率高的因素。

③ 优先检查发生故障前更换过的元件。

许多故障的现象是以执行元件动作不良的形式表现出来的。例如，由电磁换向阀控制的气动顺序控制系统气缸不动作的故障，本质原因是气缸内压力不足、没有压力或产生的推力不足以推动负载，而可能产生此故障的原因如下。

① 电磁换向阀动作不良。

② 控制回路有无问题，控制信号没有输出去，如行程开关有故障没有发出信号、计数器没有信号、继电器发生故障等或者气缸上所用的传感器没有装在适当的位置。

③ 气缸故障，如活塞杆与端盖导向套灰尘混入会伤及气缸筒，甚至会使活塞与缸筒卡死、密封失效、气缸上节流阀未打开等。

④ 管路故障，如减压阀调压不足、气路漏气、管路压力损失太大等。

⑤ 气源供气不足。

三、任务实施

1. "系统没有气压"故障诊断与维修

故障原因：① 气动系统中开关阀、启动阀、流量控制阀等未打开；② 换向阀未换向；③ 管路扭曲、压扁；④ 滤芯堵塞或冻结；⑤ 工作介质或环境温度太低，造成管路冻结。

维修方法：① 打开未开启的阀；② 检修或更换换向阀；③ 校正或更换扭曲、压扁的管道；

④ 更换滤芯；⑤ 及时排除冷凝水，增设除水设备。

2. "供压不足"故障诊断与维修

故障原因：① 耗气量太大，空压机输出流量不足；② 空压机活塞环等过度磨损；③ 漏气严重；④ 减压阀输出压力低；⑤ 流量阀的开度太小；⑥ 管路细长或管接头选用不当，压力损失过大。

维修方法：① 选择输出流量合适的空压机或增设一定容积的气罐；② 更换活塞环等过度磨损的零件，并在适当部位装单向阀，维持执行元件内压力，以保证安全；③ 更换损坏的密封件或软管，紧固管接头和螺钉；④ 调节减压阀至规定压力，或更换减压阀；⑤ 调节流量阀的开度至合适开度；⑥ 重新设计管路，加粗管径，选用流通能力大的管接头和气阀。

3. "系统出现异常高压"故障诊断与维修

故障原因：① 减压阀损坏；② 因外部振动冲击产生了冲击压力。

维修方法：① 更换减压阀；② 在适当部位安装安全阀或压力继电器。

4. "油泥太多"故障诊断与维修

故障原因：① 空压机润滑油选择不当；② 空压机的给油量不当；③ 空压机连续运转的时间过长；④ 空压机运动件动作不良。

维修方法：① 更换高温下不易氧化的润滑油；② 给油过多，排出阀上滞留时间长，给油过少，造成活塞烧伤等，应注意给油量适当；③ 温度高，润滑油易碳化，应选用大流量空压机，实现不连续运转，系统中装油雾分离器，清除油泥；④ 当排出阀动作不良时，温度上升，润滑油易碳化，系统中装油雾分离器。

5. "气缸不动作、动作卡滞、爬行"故障诊断与维修

故障原因：① 压缩空气压力达不到设定值；② 气缸加工精度不够；③ 气缸、电磁换向阀润滑不充分；④ 空气中混入了灰尘卡住了阀；⑤ 气缸负载过大、连接软管扭曲别劲。

维修方法：① 重新计算，验算系统压力；② 更换气缸；③ 拆检气缸、电磁换向阀，疏通润滑油路；④ 打开各接头，对管路重新吹扫，清洗阀；⑤ 检查气缸负载及连接软管，使之满足设计要求。

6. "压缩空气中含水量高"故障诊断与维修

故障原因：① 储气罐、过滤器冷凝水存积；② 后冷却器选型不当；③ 空压机进气管进气口设计不当；④ 空压机润滑油选择不当；⑤ 季节影响。

维修方法：① 定期打开排污阀排放冷凝水；② 更换后冷却器；③ 重新安装防雨罩，避免雨水流入空压机；④ 更换空压机润滑油；⑤ 雨季要加快排放冷凝水频率。

四、知识拓展

1. 气压传动系统的安装

（1）管道的安装

安装前应彻底检查管道，管道中不应有粉尘及其他杂物，否则要重新清洗才能安装，导管外表面及两端接头应完好无损，加工后的几何形状应符合要求，经检查合格的管道需吹风后才能安装，安装时按管路系统安装图中标明的安装、固定方法安装，并要注意如下问题。

① 导管扩口部分的几何轴线必须与管接头的几何轴线重合。否则，当外套螺母拧紧时，扩口部分的一边压紧过度，而另一边则压得不紧，会导致产生安装应力或密封不良。

② 螺纹连接接头的拧紧力矩要适中，拧得太紧，扩口部分受挤压而损坏；拧得不够紧，则

影响密封。

③ 接管时要充分注意密封性，防止漏气，尤其注意接头处及焊接处。为了防止漏气，连接前平管嘴表面和螺纹处应涂密封胶。为了防止密封胶进入管道内，螺纹前端 2~3 牙不涂密封胶或拧入 2~3 牙后再涂密封胶。

④ 管路尽量平行布置，减少交叉，力求最短，转弯最少，并考虑到能自由拆装。

⑤ 软管的抗弯曲刚度小，在软管接头的接触区内产生的摩擦力不足以消除接头的转动，因此在安装后有可能出现软管的扭曲变形。检查方法是在安装前软管表面涂一条纵向色带，安装后用色带判断软管是否被扭曲。为了防止软管的扭曲，可在最后拧紧外套螺母以前将软管向拧紧外套螺母相反的方向转动 1/8~1/6 圈。

软管不允许急剧弯曲，通常弯曲半径应大于其外径的 9~10 倍，为了防止软管挠性部分的过度弯曲和在自重作用下发生变形，往往采用防止软管过度弯曲的接头，且应远离热源或安装隔热板。

⑥ 为了保证管道焊缝质量，零件上应开焊缝坡口，焊缝部位要清洗干净，焊缝管道的装配间隙最好保持在 0.5mm 左右，应尽量采用平焊位置，焊接时以边焊边转，一次焊完整条焊缝为宜。

（2）气动元件的安装

① 应注意阀的推荐安装位置和标明的安装方向。

② 逻辑元件应按控制回路的需要，将其成组地装在底板上，并在底板上开出气路，用软管接出。

③ 移动缸的中心线与负载作用力的中心线要同心，否则会引起侧向力，使密封件加速磨损，活塞杆弯曲。

④ 各种自动控制仪表、自动控制器、压力继电器等，在安装前应进行校验。

2. 气压传动系统的调试

（1）调试前的准备

① 要熟悉说明书等有关技术资料，力求全面了解系统的原理、结构、性能和操作方法。

② 了解气动元件在设备上的实际位置，需要调整的元件的操作方法及调节旋钮的旋向。

③ 准备好调试工具等。

（2）空载试运转

空载试运转一般不少于 2h，注意观察压力、流量、温度的变化，如发现异常应立即停车检查，待排除故障后才能继续运转。

（3）负载试运转

负载试运转应分段加载，运转一般不少于 4h，分别测出有关数据，记入试运转记录。

3. 气压传动系统的维护

气压传动系统的维护工作可以分为日常性的维护工作和定期的维护工作。前者是指每天必须进行的维护工作，后者可以是每周、每月或每季度进行的维护工作。维护工作应记录在案，便于今后的故障诊断和处理。

（1）日常性的维护工作

日常维护工作的主要任务是冷凝水排放的管理、系统润滑的管理和空压机系统的管理。

① 冷凝水排放的管理

压缩空气中的冷凝水会使管道和元件锈蚀，防止冷凝水侵入压缩空气的方法是及时排除系统各处积存的冷凝水。

冷凝水排放涉及空压机、后冷却器、储气罐、管道系统直到各处空气过滤器、干燥器和自动排水器等整个气动系统。在工作结束时，应当将各处冷凝水排放掉，以防夜间温度低于0℃时，导致冷凝水结冰。由于夜间管道内温度下降，会进一步析出冷凝水，在每天设备运转前，也应将冷凝水排出。经常检查自动排水器、干燥器是否正常工作，定期清洗分水滤气器、自动排水器。

② 系统润滑的管理

气动系统中从控制元件到执行元件凡有相对运动的表面都需要润滑。如果润滑不足，会使摩擦阻力增大，导致气动元件动作不良，因密封面磨损会引起泄漏。

在气动装置运转时，应检查油雾器的滴油量是否符合要求，油色是否正常。如发现油杯中油量没有减少，应及时调整滴油量；调节无效，需检修或更换油雾器。

③ 空压机系统的管理

空压机有否异常声音和异常发热，润滑油位是否正常。空压机系统中的水冷式后冷却器供给的冷却水是否足够。

（2）定期的维护工作

定期维护工作的主要内容是漏气检查和油雾器管理。

① 检查系统各泄漏处。因泄漏引起的压缩空气损失会造成很大的经济损失。此项检查至少应每月一次，任何存在泄漏的地方都应立即进行修补。漏气检查应在白天车间休息的空闲时间或下班后进行。这时，气动装置已停止工作，车间内噪声小，但管道内还有一定的空气压力，根据漏气的声音便可知何处存在泄漏。检查漏气时还应采用在各检查点涂肥皂液等办法，因其显示漏气的效果比听声音更灵敏。

② 通过对方向阀排气口的检查，判断润滑油是否适度，空气中是否有冷凝水。如润滑不良，检查油雾器滴油是会正常，安装位置是否恰当；如有大量冷凝水排出，检查排除冷凝水的装置是否合适，过滤器的安装位置是否恰当。

③ 检查安全阀、紧急安全开关动作是否可靠。定期检修时必须确认它们的动作可靠性，以确保设备和人身安全。

④ 观察方向阀的动作是否可靠。检查阀芯或密封件是否磨损（如方向阀排气口关闭时仍有泄漏，往往是磨损的初期阶段），查明后更换。让电磁换向阀反复切换，从切换声音可判断阀的工作是否正常。

⑤ 反复开关换向阀观察气缸动作，判断活塞密封是否良好；检查活塞杆外露部分，观察活塞杆是否被划伤、腐蚀和存在偏磨；判断活塞杆与端盖内的导向套、密封圈的接触情况、压缩空气的处理质量，气缸是否存在横向载荷等；判断缸盖配合处是否有泄漏。

⑥ 对行程阀、行程开关以及行程挡块都要定期检查其安装的牢固程度，以免出现动作混乱的现象。

⑦ 给油雾器补油时，应注意储油杯的减少情况，如发现耗油量太少，必须重新调整滴油量，调整后滴油量仍少或不滴油，应检查所选油雾器的规格是否合适，油雾器进出口是否装反，油道是否堵塞，检查结果应填写于周检记录表中。

每月或每季度的维护检查工作应比每日及每周的检查更仔细，但仅限于外部能检查的范围。每季度的维护工作如表9-1所示。

表9-1　　　　　　　　　　　　　　每季度的维护工作

序号	气动元件	维护内容
1	自动排水器	是否自动排水，手动操作装置是否正常工作
2	过滤器	过滤器两侧的压力差是否超过允许压力降

续表

序号	气动元件	维护内容
3	减压阀	旋转手柄，压力可否调节。当系统压力为零时，观察压力表指针否回零
4	压力表	观察各处压力表是否在规定的范围内
5	安全阀	使压力高于设定压力，观察安全阀能否溢流
6	压力开关	在设定的最高和最低压力下，观察压力开关能否正常接通或断开
7	换向阀排气	检查油雾喷出量，有无冷凝水排出，是否漏气
8	电磁换向阀	检查电磁换向阀的温升，阀的切换动作是否正常
9	速度控制阀	调节节流阀开度，能否对气缸进行速度控制或对其他元件进行流量控制
10	气缸	检查气缸运动是否平稳，速度及循环周期有无明显变化，气缸安装支架有否松动和异常变形，活塞杆连接部位有无松动和漏气，活塞杆表面有无锈蚀、划伤和偏磨
11	空气压缩机	检查入口过滤器网眼是否堵塞

任务二　典型气压传动系统故障诊断与维修

一、任务分析

本任务的要求是弄清 EQ1092 型汽车气压制动系统的组成和工作原理，能对 EQ1092 型汽车气压制动系统常见故障进行诊断与维修。

二、相关知识

图 9-13 所示为 EQ1092 型汽车气压制动系统的组成和工作原理图，这种制动系统由空压机 1、单向阀 2、储气罐 3、安全阀 4、前桥储气罐 5、后桥储气罐 6、制动控制阀 7、压力表 8、快换排气阀 9、前轮制动缸 10、后轮制动缸 11 等组成。

空压机 1 由发动机通过三角皮带驱动，将压缩空气经单向阀 2 压入储气罐 3，然后再分别经两个相互独立的前桥储气罐 5 和后桥储气罐 6 将压缩空气送到制动控制阀 7。当踩下制动踏板时，压缩空气经控制阀同时进入前轮制动缸 10 和后轮制动缸 11（实际上为制动气室）使前后轮同时制动。松开制动踏板，前后制动气室的压缩空气则经制动控制阀排入大气，解除制动。

该车使用的是风冷单缸空压机，缸盖上设有卸荷装置，空压机与储气罐之间还装有调压阀和单向阀。当储气罐气压达到规定值后，调压阀就将进气阀打开，使空压机卸荷，一旦调压阀失效，则由安全阀起过载保护作用。单向阀可防止压缩空气倒流。该车采用双腔膜片式并联踏板式制动控制阀。踩下踏板，使前后轮制动（后轮略早）。当前、后桥回路中有一回路失效时，另一回路仍能正常，实现制动。在后桥制动回路中安装了膜片式快速放气阀，可使后桥制动迅速解除。压力表 8 指示后桥制动回路中的气压。该车采用膜片式制动气室，利用压缩空气的膨胀力推动制动臂及制动凸轮，使车轮制动。

1—空压机；2—单向阀；3—储气罐；4—安全阀；5—前桥储气罐；6—后桥储气罐；7—制动控制阀；
8—压力表；9—快换排气阀；10—前轮制动缸；11—后轮制动缸

图 9-13   EQ1092 型汽车气压制动系统的组成和工作原理图

三、任务实施

1. "制动失效"故障诊断与维修

故障原因如下。

（1）传动杆件脱落。

（2）储气罐放污开关不严。

（3）空压机损坏。

（4）管路破裂。

（5）空压机皮带损坏、松脱。

（6）控制阀排气阀打不开。

（7）控制阀排气阀漏气。

（8）制动气室膜片漏气。

维修方法如下。

（1）分段检查。

（2）关严或检修放污开关。

（3）检修或更换空压机。

（4）更换、检修、装牢管路。

（5）更换或调整空压机皮带。

（6）检修控制阀进气阀。

（7）研磨控制阀进气阀。

（8）更换制动气室膜片。

2. "制动失灵"故障诊断与维修

故障原因如下。

（1）制动踏板自由行程过大。

（2）制动衬片严重磨损。

（3）摩擦表面不平。

（4）制动器间隙过大。

（5）蹄片上粘有油污。

（6）管接头松动漏气。

（7）传动杆件变形、损坏。

（8）制动控制阀工作不良。

（9）储气罐气压不足或液力管中进入空气。

维修方法如下。

（1）调整自由行程。

（2）更换新衬片。

（3）修磨摩擦表面。

（4）调整制动器间隙。

（5）清洗蹄片。

（6）拧紧、修复。

（7）校正或更换传动杆件。

（8）检修制动控制阀。

（9）检修。

3. "单边制动"故障诊断与维修

故障原因如下。

（1）各制动器间隙不一致。

（2）一侧制动器摩擦表面沾有油污、铆钉外露。

（3）某侧制动气室推杆连接叉弯曲变形，膜片破裂，接头漏气。

（4）某侧制动凸轮卡滞。

（5）各车轮制动蹄回位弹簧相差过大。

维修方法如下。

（1）调整各制动器间隙，使其一致。

（2）清洗摩擦表面沾有油污的制动器，更换铆钉。

（3）校正制动气室推杆连接叉、更换膜片和密封件。

（4）加强制动凸轮处润滑。

（5）更换回位弹簧，使各车轮制动蹄回位弹簧相差在允许的范围。

4. "制动器分离不彻底"故障诊断与维修

故障原因如下。

（1）踏板自由行程过小。

（2）回位弹簧弹力不足或折断。

（3）制动鼓变形失圆。

（4）摩擦表面异物卡滞。

（5）摩擦盘卡滞或钢球失圆及球槽磨损。

维修方法如下。

（1）调整踏板自由行程至规格范围。

（2）更换弹簧。

（3）修复制动鼓。

（4）清理摩擦表面。

（5）检修摩擦盘、更换钢球和球槽。

5. "制动器过热"故障诊断与维修

故障原因如下。

（1）制动器间隙过小。

（2）回位弹簧弹力不足或折断。

（3）制动衬片接触不良或偏磨。

（4）制动时间过长和制动频繁。

维修方法如下。

（1）调整制动器间隙至规定范围。

（2）更换弹力合适的回位弹簧。

（3）修磨制动衬片接触表面。

（4）改进操作方法。

6. "制动时有异响"故障诊断与维修

故障原因如下。

（1）制动衬片松动。

（2）回位弹簧弹力不足或折断。

维修方法如下。

（1）调整制动衬片。

（2）更换弹力合适的回位弹簧。

四、知识拓展

1. 铁道车辆空气制动控制系统的组成和工作原理

铁道车辆制动控制系统是制动装置在司机或其他控制装置（如 ATC 等）的控制下，产生、传递制动信号，并对各种制动方式进行制动力分配、协调的部分。

目前制动控制系统主要有空气制动控制系统和电控制动控制系统两大类。当以压力空气作为制动信号传递和制动力控制的介质时，则该制动装置称为空气制动控制系统，又称空气制动机。根据作用原理可分为直通式空气制动机、自动式空气制动机、直通自动式空气制动机。以电气信号来传递制动信号的制动控制系统，称为电气指令式制动控制系统，其制动力的提供可以是压力空气、电磁力、液压等。

图9-14所示为铁道车辆直通式空气制动控制系统组成和工作原理图，这种制动系统由空气压缩机1、总风缸2、总风缸管3、制动阀4、制动管5、制动缸6、基础制动装置7、缓解弹簧8、制动缸活塞9、闸瓦10、制动阀EX口11、车轮12等组成。空气压缩机1将压缩空气储入总风缸2内，经总风缸管3至制动阀4。制动阀有3个不同位置：缓解位、保压位和制动位。在缓解位时，制动管5内的压缩空气经制动阀EX（Exhaust）口11（排气口）排向大气；在保压位时，制动阀保持总风缸管、制动管和EX口各不相通；在制动位时，总风缸管压缩空气经制动阀流向制动管。

I—缓解位；II—保压位；III—制动位
1—空气压缩机；2—总风缸；3—总风缸管；4—制动阀；5—制动管；6—制动缸；
7—基础制动装置；8—缓解弹簧；9—制动缸活塞；10—闸瓦；11—制动阀EX口；12—车轮
图9-14 铁道车辆直通式空气制动控制系统组成和工作原理图

（1）制动位

司机要实行制动时，首先把操纵手柄放在制动位，总风缸的压缩空气经制动阀进入制动管。制动管是一根贯通整个列车、两端封闭死的管路，压缩空气由制动管进入各个车辆的制动缸6，压缩空气推动制动缸活塞9移动，并通过活塞杆带动基础制动装置7，使闸瓦10压紧车轮12，产生制动作用。制动力的大小，取决于制动缸内压缩空气的压力，由司机操纵手柄在制动位放置时间的长短而定。

（2）缓解位

要缓解时，司机将操纵手柄置于缓解位，各车辆制动缸内的压缩空气经制动管从制动阀EX口排入大气。操纵手柄在缓解位放置时间足够长，则制动缸内的压缩空气可排尽，压力降低至零。此时制动缸活塞借助于制动缸缓解弹簧的复原力，使活塞回到缓解位，闸瓦离开车轮，实现车辆缓解。

（3）保压位

制动阀操纵手柄放在保压位时，可保持制动缸内压力不变。当司机将操纵手柄在制动位与保压位之间来回操纵、或在缓解位与保压位之间来回操纵时，制动缸压力能分阶段地上升或下降，即实现阶段制动或阶段缓解。

2. 地铁车辆车门的气动控制系统的组成和工作原理

图9-15所示为广州地铁一号线车辆客室车门的气动控制系统的组成和工作原理图，车门通

过中央控制阀来控制、以压缩空气为动力驱动双向作用的气缸活塞前进和后退，再通过钢丝绳等组成的机械传动机构完成门的开关动作，机械锁闭机构可以使车门可靠地固定在关闭位置。

图9-15　地铁车辆客室车门的气动控制系统的组成和工作原理图

每扇门的气动控制系统由3个二位三通电磁换向阀、4个节流阀、两个快速排气阀、门控气缸、解钩气缸、气源装置、管路等组成。

MV_1、MV_2、MV_3 3个均为二位三通电磁换向阀，分别为开门、关门、解锁电磁换向阀。

节流阀共有4个，其功能分别为调节开门速度、关门速度、开门缓冲、关门缓冲。

快速排气阀共有两个。主气缸两端排气管是通过快速排气阀排向大气的，相当于一个双向选择阀，它的排气口是常开的，当主气缸通过它充气时，其阀芯将排气口关闭。

门控气缸是开关门动作的执行元件，其中的活塞是一个对称的带有台阶的非等直径的活塞，即两侧直径为20mm，中部为40mm；其气缸的内径也是非等直径的，两端头的公称内径为20mm，中间为40mm。这样的结构可使活塞变速运动。

解钩气缸用于执行门钩解钩动作（门钩，呈反S形，锁住门叶上的圆销使门不能开启）。

另外，车门的打开和关闭还设置了4个行程开关S1、S2、S3、S4，4个行程开关分别对门钩位置、开门行程、门控切除及紧急手柄位置进行限制和位置显示。

其中，MV_1、MV_2、MV_3 3个电磁换向阀及开门速度、关门速度、开门缓冲、关门缓冲节流阀和快速排气阀集成安装成一体：即为中央控制阀。

其工作原理如下。

压缩空气从P口进入集成体。电磁换向阀均为失电状态。下面将分别叙述开、关门时，压缩空气的流程及气缸活塞的动作。

（1）开门

开门的空气流程如下。

进气：

压缩空气→MV_1（得电）→MV_3（得电）→节流阀→解锁气缸活塞伸出→顶开门钩。

└──────→开门节流阀→主气缸进气口 A_1→活塞杆外伸。

排气：

活塞左移→主气缸排气 A_2 →开门缓冲节流阀→快速排气阀→大气。

当活塞的左端头进入气缸左端的小直径处侧 A_2 出口被封堵，大气缸内的气体只能从 02 一个出气口并经过缓冲节流阀到快速排气阀最终排至大气。由于 A_2 出口的被堵，整个排气速度就大大降低，就使开关门的速度有了一个极大的缓冲。

（2）关门

关门的空气流程如下：

MV_3 （失电）→门锁气缸排气活塞缩回→门钩复位（在扭簧作用下）。

进气：

$$MV_1（失电）——$$
压缩空气→ MV_2 （得电）—→ 关门节流阀→主气缸进气口 A_2 →活塞杆缩回。

活塞杆右移→主气缸排气口 A_1 →关门缓冲节流阀→快速排气阀→大气。

关门缓冲的原理与开门缓冲的原理相同。

由于活塞杆的端头与一扇门叶及钢丝绳的一边相连接，而另一扇门叶与钢丝绳的另一边相连接，则使门叶在活塞杆运动时，能同步反向移动。而运动的速度则由快速至突然缓慢，最后使门叶完全关闭或打开。

3. 数控加工中心气动换刀系统的组成和工作原理

图 9-16 所示为数控中心气动换刀系统组成和工作原理图，该系统由气动三联件 1，换向阀 2、4、6、9，单向节流阀 3、5、10、11，梭阀 7、8 等组成。该系统在换刀过程中能实现主轴定位、主轴松刀、拔刀、向主轴锥孔吹气和插刀动作。

1—气动三联件；2、4、6、9—换向阀；3、5、10、11—单向节流阀；7、8—梭阀

图 9-16　数控中心气动换刀系统组成和工作原理图

（1）主轴定位

当数控系统发出换刀指令时，主轴停止转动，同时4YA通电，压缩空气经气动三联件1、换向阀4、单向节流阀5进入主轴定位缸A的右腔，缸A活塞杆左移伸出，使主轴自动定位。

（2）主轴松刀

定位后压下无触点开关，使6YA得电，压缩空气经换向阀6、梭阀8进入气液增压缸B的上腔，增压腔的高压油使活塞杆伸出，实现主轴松刀。

（3）拔刀

主轴松刀的同时，8YA得电，压缩空气经换向阀9、单向节流阀11进入缸C的上腔，缸C下腔排气，活塞下移实现拔刀。

（4）吹气

由回转刀库交换刀具，同时1YA得电，压缩空气经换向阀2、单向节流阀3向主轴锥孔吹气。

（5）插刀

1YA失电、2YA得电，吹气停止，8YA失电、7YA得电，压缩空气经换向阀9、单向节流阀10进入缸C下腔，活塞上移实现插刀动作，同时活塞碰到行程限位阀，使6YA失电、5YA得电，则压缩空气经阀6进入气液增压缸B的下腔，使活塞退回，主轴的机械机构使刀具夹紧。气液增压缸B的活塞碰到行程限位阀后，使4YA失电、3YA得电，缸A的活塞在弹簧力作用下复位，回复到初始状态，完成换刀动作。

4. 气液动力滑台的组成和工作原理

图9-17所示为气液动力滑台的组成和工作原理图，气液动力滑台由手动换向阀1、3、4，

1、3、4—手动换向阀；2、6、8—行程阀；5—节流阀；7、9—单向阀；10—补油箱

图9-17 气液动力滑台的组成和工作原理图

行程阀2、6、8，节流阀5，单向阀7、9，补油箱10等组成。气液动力滑台能完成"快进—慢进—快退—停止"和"快进—慢进—慢退—快退—停止"两种工作循环

（1）快进—慢进—快退—停止

当手动换向阀3切换到右位时，给予进刀信号，在气压作用下，气缸中的活塞开始向下运动，液压缸中活塞下腔的油液经行程阀6的左位和单向阀7进入液压缸活塞的上腔，实现快进。

当快进到活塞杆上的挡铁B切换行程阀6后（使它处于右位），油液只能经节流阀5进入活塞上腔，调节节流阀的开度，即可调节气—液缸运动速度，活塞开始慢进（工作进给）。

工进到挡铁C使行程阀2复位时，阀3切换到左位，气缸活塞向上运动。液压缸活塞上腔的油液经阀8的左位和手动换向阀中的单向阀进入液压缸下腔，实现快退。

当快退到挡铁A将阀8切换到图9-17所示位置而使油液通道被切断时，活塞停止运动。

（2）快进—慢进—慢退—快退—停止

当手动换向阀4处于左位时，可实现该动作的双向进给程序。动作循环中的快进—慢进的动作原理与上述相同。

当慢进至挡铁C切换阀2至左位时，阀3切换至左位，气缸活塞开始向上运动，这时液压缸上腔的油液经阀8的左位和阀5进入活塞下腔，实现慢退（反向进给）。

当慢退到挡铁B离开阀6的顶杆而使其复位（处于左位）后，液压缸活塞上腔的油液就经阀6左位而进入活塞下腔，开始快退。

快退到挡铁A切换阀8而切断油路时，停止运动。

习　题

1. 简述气压传动系统故障诊断步骤和方法。
2. 简述"系统没有气压"故障诊断与维修方法。
3. 简述"供压不足"故障诊断和维修方法。
4. 简述"系统出现异常高压"故障诊断和维修方法。
5. 简述"油泥太多"故障诊断和维修方法。
6. 简述气动系统的安装与调试方法。
7. 简述EQ1092型汽车气压制动系统的组成和工作原理。
8. 简述EQ1092型汽车气压制动系统"制动失效"故障诊断与维修方法。
9. 简述铁道车辆直通式空气制动控制系统组成和工作原理图。
10. 简述数控中心气动换刀系统组成和工作原理。
11. 简述气液动力滑台的组成和工作原理。

附　录

常用液压图形符号

（1）液压泵、液压马达和液压缸

名称	符　号	说明	名称	符　号	说明
液压泵		一般符号	单向定量液压马达		单向流动，单向旋转
单向定量液压泵		单向旋转、单向流动、定排量	双向定量液压马达		双向流动，双向旋转，定排量
双向定量液压泵		双向旋转，双向流动，定排量	单向变量液压马达		单向流动，单向旋转，变排量
单向变量液压泵		单向旋转，单向流动，变排量	双向变量液压马达		双向流动，双向旋转，变排量
双向变量液压泵		双向旋转，双向流动，变排量	摆动马达		双向摆动，定角度
液压马达		一般符号	定量液压泵—马达		单向流动，单向旋转，定排量

注：左侧竖栏标注"液压泵"、"液压马达"，右侧竖栏标注"液压马达"、"泵—马达"。

续表

（1）液压泵、液压马达和液压缸

名称		符 号	说明	名称	符 号	说明
泵—马达	变量液压泵—马达		双向流动，双向旋转，变排量，外部泄油	双活塞杆缸		详细符号
						简化符号
	液压整体式传动装置		单向旋转，变排量泵，定排量马达	不可调单向缓冲缸		详细符号
单作用缸	单活塞杆缸		详细符号			简化符号
			简化符号	可调单向缓冲缸		详细符号
	单活塞杆缸（带弹簧复位）		详细符号			简化符号
			简化符号	不可调双向缓冲缸		详细符号
	柱塞缸					简化符号
	伸缩缸			可调双向缓冲缸		详细符号
双作用缸	单活塞杆缸		详细符号			简化符号
			简化符号			

（1）液压泵、液压马达和液压缸

名称		符　号	说明	名称		符　号	说明
双作用缸	伸缩缸			蓄能器	弹簧式		
压力转换器	气—液转换器		单程作用		辅助气缸		
			连续作用				
	增压器		单程作用				
			连续作用		气罐		
蓄能器	蓄能器		一般符号	能量源	液压源		一般符号
	气体隔离式				气压源		一般符号
					电动机	M	
	重锤式				原动机	M	电动机除外

（2）机械控制装置和控制方法

名称		符　号	说明	名称		符　号	说明
机械控制件	直线运动的杆		箭头可省略	机械控制件	定位装置		
	旋转运动的轴		箭头可省略		锁定装置		*为开锁的控制方法

续表

（2）机械控制装置和控制方法

名称		符 号	说明	名称		符 号	说明
机械控制件	弹跳机构			人力控制方法	双向踏板式		
机械控制方法	顶杆式			直接压力控制方法	加压或卸压控制		
	可变行程控制式				差动控制	2　　　1	
	弹簧控制式			先导压力控制方法	液压先导加压控制		内部压力控制
	滚轮式		两个方向操作				外部压力控制
	单向滚轮式		仅在一个方向上操作，箭头可省略		液压二级先导加压控制		内部压力控制，内部泄油
人力控制方法	人力控制		一般符号		气—液先导加压控制		气压外部控制，液压内部控制，外部泄油
	按钮式				电—液先导加压控制		液压外部控制，内部泄油
	按钮式				液压先导卸压控制		内部压力控制，内部泄油
	按—拉式						外部压力控制（带摇控泄放口）
	手柄式				电—液先导控制		电磁铁控制、外部压力控制，外部泄油
	单向踏板式						

（2）机械控制装置和控制方法

名称		符　号	说明	名称		符　号	说明
先导压力控制方法	先导型压力控制		带压力调节弹簧，外部泄油，带遥控泄放口	电气控制方法	双作用可调电磁操作（力矩马达等）		
	先导型比例电磁式压力控制		先导级由比例电磁铁控制，内部泄油		旋转运动电气控制装置		
电气控制方法	单作用电磁铁		电气引线可省略，斜线也可向右下方	反馈控制方法	反馈控制		一般符号
	双作用电磁铁				电反馈		由电位器、差动变压器等检测位置
	单作用可调电磁操作（比例电磁铁，力马达等）				内部机械反馈		如随动阀仿形控制回路等

（3）压力控制阀

名称		符　号	说明	名称		符　号	说明
溢流阀	直动型溢流阀			溢流阀	直动式比例溢流阀		
	先导型溢流阀				先导比例溢流阀		
	双向溢流阀		直动式，外部泄油		卸荷溢流阀		$p_2 > p_1$ 时卸荷

（3）压力控制阀

名称		符号	说明	名称		符号	说明
减压阀	减压阀		一般符号或直动型减压阀	顺序阀	先导型顺序阀		
	先导型减压阀				单向顺序阀（平衡阀）		
	溢流减压阀			卸荷阀	卸荷阀		一般符号或直动型卸荷阀
	先导型比例电磁式溢流减压阀				先导型电磁卸荷阀		
	定比减压阀		减压比 1:3	制动阀	双溢流制动阀		
	定差减压阀						
顺序阀	顺序阀		一般符号或睦动型顺序阀		溢流油桥制动阀		

（4）方向控制阀

名称		符　号	说明	名称	符　号	说明
单向阀	单向阀		详细符号	二位二通电磁阀		常断换向阀
						常通
			简化符号（弹簧可省略）	二位三通电磁阀		
液压单向阀	液控单向阀		详细符号（控制压力关闭阀）	二位三通电磁球阀		
				二位四通电磁阀		
			简化符号	二位五通液动阀		
			详细符号（控制压力打开阀）	二位四通机动阀		
				三位四通电磁阀		
			简化符号（弹簧可省略）	三位四通电液阀		简化符号（内控外泄）
	双液控单向阀			三位六通手动阀		
				三位五通电磁阀		
梭阀	或门型		详细符号	三位四通电液阀		外控内泄（带手动应急控制装置）
			简化符号	三位四通比例阀		节流型，中位正遮盖
						中位负遮盖

续表

（4）方向控制阀

名称		符　号	说明	名称		符　号	说明
换向阀	二位四通比例阀			换向阀	四通电液伺服阀		二级
	四通伺服						带电反馈三级

（5）流量控制阀

名称		符　号	说明	名称		符　号	说明
节流阀	可调节流阀		详细符号	调速阀	调速阀		详细符号
			简化符号				简化符号
	不可调节流阀		一般符号				
	单向节流阀				旁通型调速阀		简化符号
	双单向节流阀				温度补偿型调速阀		简化符号
	截止阀				单向调速阀		简化符号
	滚轮控制节流阀（减速阀）						

（5）流量控制阀

名称	符　号	说明	名称	符　号	说明
同步阀	分流阀		同步阀	集流阀	
	单向分流阀			分流集流阀	

（6）油　箱

名称	符　号	说明	名称	符　号	说明
通大气式油箱	管端在液面上		油箱	管端在油箱底部	
	管端在液面下	带空气过滤器		局部泄油或回路	
	加压油箱或密闭油箱	3条油路			

（7）流体调节器

名称	符　号	说明	名称	符　号	说明
过滤器	过滤器	一般符号	过滤器	双筒过滤器	p_1：进油 p_2：回油
	带污染指示器的过滤器				
	磁性过滤器				
	带旁通阀的过滤器			空气过滤器	

p_2 p_1

续表

（7）流体调节器

名称		符　号	说明	名称		符　号	说明
温度调节器				冷却器	带冷却剂管路的冷却器		
冷却器	冷却器		一般符号		加热器		一般符号

（8）检测器、指示器

名称		符　号	说明	名称		符　号	说明
压力检测器	压力指示器			流量检测器	检流计（液流指示器）		
	压力表（计）				流量计		
	电接点压力表（压力显控器）				累计流量计		
	压差控制表				温度计		
					转速仪		
液位计				转矩仪			

（9）其他辅助元器件

名称	符　号	说明	名称	符　号	说明
压力继电器（压力开关）		详细符号	压力继电器（压力开关）		一般符号

（9）其他辅助元器件

名称	符 号	说明	名称	符 号	说明
行程开关		详细符号	压差开关		
		一般符号	传感器	传感器	一般符号
联轴器	联轴器	一般符号		压力传感器	
	弹性联轴器			温度传感器	
				放大器	

（10）管路、管路接口和接头

名称	符 号	说明	名称	符 号	说明
管路	管路	压力管路回油管路		交叉管路	两管路交叉不连接
	连接管路	两管路相交连接	管路	柔性管路	
	控制管路	可表示泄油管路			
快换接头	不带单向阀的快换接头			单向放气装置（测压接头）	
	带单向阀的快换接头		旋转接头	单通路旋转接头	
				三通路旋转接头	

参考文献

［1］王德洪. 液压与气动系统拆装及维修. 北京：人民邮电出版社，2011.

［2］张安全，王德洪. 液压气动技术与实训. 北京：人民邮电出版社，2007.

［3］张群生. 液压与气压传动. 北京：机械工业出版社，2004.

［4］邹建华，吴定智，许小明. 液压与气动技术基础. 武汉：华中科技大学出版社，2006.

［5］许福玲. 液压与气压传动. 武汉：华中科技大学出版社，2005.

［6］何存兴，张铁华. 液压传动与气压传动. 武汉：华中科技大学出版社，2000.

［7］李鄂民. 液压与气压传动. 北京：机械工业出版社，2001.

［8］毛好喜. 液压与气压技术. 北京：人民邮电出版社，2009.

［9］陆望龙. 看图学液压维修技能. 北京：化学工业出版社，2010.

［10］白柳，于军. 液压与气压传动. 北京：机械工业出版社，2009.

［11］张红俊. 液压与气动技术. 武汉：华中科技大学出版社，2008.

［12］杨务滋. 液压维修入门. 北京：化学工业出版社，2009.

［13］黄志坚. 气压设备使用与维修技术. 北京：中国电力出版社，2009.

［14］黄安贻，董起顺. 液压传动. 成都：西南交通大学出版社，2005.

［15］马廉. 液压与气动. 北京：机械工业出版社，2009.

［16］左健民. 液压与气压传动. 北京：机械工业出版社，2005.

［17］陆望龙. 液压系统使用与维修手册. 北京：化学工业出版社，2008.

［18］潘楚滨. 液压与气压传动. 北京：机械工业版社，2010.

［19］符林芳. 液压与气压传动技术. 北京：北京理工大学出版社，2010.

［20］张宏友. 液压与气动技术. 大连：大连理工大学出版社，2004.

［21］陈平. 液压与气压传动技术. 北京：机械工业出版社，2010.

［22］张福臣. 液压与气压传动. 北京：机械工业出版社，2012.

［23］侯会喜. 液压传动与气动技术. 北京：冶金工业出版社，2008.